# React入門

React・Reduxの導入から
サーバサイドレンダリングによるUXの向上まで

穴井宏幸、柴田和祈、石井直矢、三宮 肇 著

## 本書内容に関するお問い合わせについて

このたびは翔泳社の書籍をお買い上げいただき、誠にありがとうございます。弊社では、読者の皆様からのお問い合わせに適切に対応させていただくため、以下のガイドラインへのご協力をお願い致しております。下記項目をお読みいただき、手順に従ってお問い合わせください。

### ●ご質問される前に

弊社Webサイトの「正誤表」をご参照ください。これまでに判明した正誤や追加情報を掲載しています。

正誤表　　　http://www.shoeisha.co.jp/book/errata/

### ●ご質問方法

弊社Webサイトの「刊行物Q&A」をご利用ください。

刊行物Q&A　　　http://www.shoeisha.co.jp/book/qa/

インターネットをご利用でない場合は、FAXまたは郵便にて、下記"翔泳社 愛読者サービスセンター"までお問い合わせください。
電話でのご質問は、お受けしておりません。

### ●回答について

回答は、ご質問いただいた手段によってご返事申し上げます。ご質問の内容によっては、回答に数日ないしはそれ以上の期間を要する場合があります。

### ●ご質問に際してのご注意

本書の対象を越えるもの、記述個所を特定されないもの、また読者固有の環境に起因するご質問等にはお答えできませんので、あらかじめご了承ください。

### ●郵便物送付先およびFAX番号

送付先住所　　　〒160-0006　東京都新宿区舟町5
FAX番号　　　　03-5362-3818
宛先　　　　　　（株）翔泳社 愛読者サービスセンター

※本書に記載されたURL等は予告なく変更される場合があります。
※本書の出版にあたっては正確な記述につとめましたが、著者や出版社などのいずれも、本書の内容に対してなんらかの保証をするものではなく、内容やサンプルに基づくいかなる運用結果に関してもいっさいの責任を負いません。
※本書に掲載されているサンプルプログラムやスクリプト、および実行結果を記した画面イメージなどは、特定の設定に基づいた環境にて再現される一例です。
※本書に記載されている会社名、製品名はそれぞれ各社の商標および登録商標です。

# 前書き

この度は本書をお買い上げいただき、誠にありがとうございます。Webフロントエンドは、流行り廃りが他の界隈と比較して早く、「また新しいライブラリを使っているのか」と揶揄されがちです。ですが、その流行り廃りの中にはタスクランナやモジュールバンドラなどの開発ツール、SassやPostCSSなどのCSS拡張言語など、さまざまな要素が含まれており、ReactやAngular、Vue.jsなどのView（見た目の部分）を構築するライブラリ・フレームワークに限ってみるとここ3年くらいはトレンドに大きな変化はありません。Reactは筆者が注目し始めた3年前から、内部の実装は変われど、外から利用するAPIに大きな変更はほとんどありません（Reactが後方互換性をなるべく維持して開発しているということもありますが）。

また、Reactが普及に大きく貢献した仮想DOMやコンポーネント指向の開発スタイルは、他のフレームワーク・ライブラリにも取り入れられており、Webアプリケーション開発において今や欠かせないものになっています。開発ツールに関しては、「Less Configuration」という考え方が広まっており、インストールしたデフォルトの状態である程度利用でき、学習コストが低いツールがよいとされています。本書はcreate-react-appを利用しており、モジュールバンドラやトランスパイラの複雑な設定に気をとられることなく、ReactやReduxの学習に集中できるように意識して執筆しました。

「流行り廃りが早い」ことは悪いことだけではなく、そこに身をおいているエンジニアとしては毎日ワクワクする楽しい環境です。ライブラリ・フレームワークだけではなく、最近ではブラウザのAPIや言語自体の機能も私がエンジニアになった2009年と比べると考えられないスピードで進化を遂げています。iOSやAndroidのネイティブアプリの方が機能的には制限がありませんが、アイデアを形にするプラットフォームとしてWebの価値はこれからも変わらないと思います。本書をきっかけにWebやWebフロントエンドに魅力を感じてくれる方が増えると幸いです。

最後に、個人的な話になりますが、学生時代にバイト前の空いた時間に本屋で技術書を眺めるのが好きで、技術書がたくさん並んだ本棚を見ながら「いつかここに名前が並ぶようなエンジニアになりたいな〜」とぼんやりと思っていました。今回、その大きな目標が叶い、感慨深いものがあります。このような素晴らしい機会をご提供いただいた翔泳社様、筆の遅い執筆者陣の怒涛の追い上げに親切にご対応いただいた緑川さんにこの場を借りてお礼申し上げます。

はじめに ……………………………………………………………………………………… iii

# 第1章 React・Reduxとは？　1

## 1.1 Reactとは？ …………………………………………………………… 2
Reactの特徴 ……………………………………………………………………… 3
その他のライブラリ・フレームワークとの比較 ………………………………… 4

## 1.2 Fluxとは？ …………………………………………………………… 6
Fluxの特徴 ……………………………………………………………………… 6
Fluxの構成要素 ………………………………………………………………… 6

## 1.3 Reduxとは？ ………………………………………………………… 9
Reduxの特徴 …………………………………………………………………… 9
Reduxの構成要素 ……………………………………………………………… 10

# 第2章 create-react-appで開発をはじめよう　17

## 2.1 create-react-appとは？ …………………………………………… 18
開発環境を整える ……………………………………………………………… 18
インストール …………………………………………………………………… 18
create-react-appのインストール ……………………………………………… 25

## 2.2 アプリケーションの作成 …………………………………………… 26
プロジェクトの構成 …………………………………………………………… 26
アプリケーションを起動 ……………………………………………………… 27
Hello, World! …………………………………………………………………… 28

# 第3章 JSX　31

## 3.1 JSXとは？ …………………………………………………………… 32
JavaScriptを拡張した言語 …………………………………………………… 32

JSX はなぜ必要なのか？ ..... 35
JSX の文法 ..... 37

## 3.2 Babel を使って JSX を JavaScript に変換する ..... 43
トランスパイラとは？ Babel とは？ ..... 43
CLI ..... 43
webpack とは ..... 47

# 4章 React コンポーネント ..... 53

## 4.1 React コンポーネントとは？ ..... 54
コンポーネント開発の準備 ..... 54
Functional Component と Class Component ..... 54
コンポーネントの再利用 ..... 56
React エレメント ..... 57
データの受け渡し（props） ..... 60

## 4.2 state とイベントハンドリング ..... 71
コンポーネントの準備 ..... 71
イベントハンドリング ..... 80
State のまとめ ..... 83

## 4.3 ライフサイクル ..... 85
マウントに関するライフサイクルメソッド ..... 85
データのアップデートに関するライフサイクルメソッド ..... 86

# 5章 Redux でアプリケーションの状態を管理しよう ..... 91

## 5.1 Redux でアプリケーションの状態を管理する ..... 92
Redux のみで Todo アプリケーションを実装 ..... 92
Redux の構成 ..... 93
ActionCreator を定義する ..... 95
Store を生成する ..... 95
React.js と組み合わせよう ..... 102
ファイルを機能ごとに分割する ..... 106

## 5.2　react-redux … 109
react-redux のインストール … 109
Container Component と Presentational Component … 109
react-redux が行なっていること … 110
Todo アプリに react-redux を導入する … 115

# 6章　ルーティングを実装しよう … 121

## 6.1　ルーティングとは … 122
ルーティングの実装パターン … 122
ルーティングのライブラリ紹介 … 124

# 7章　Redux Middleware … 141

## 7.1　Redux Middleware とは？ … 142
Redux Middleware の基礎 … 142
Action のログを表示する Redux Middleware を使う … 142

## 7.2　Action のログを表示する Redux Middleware を作る … 147
ミドルウェアの仕組み … 147
ログミドルウェアの実装 … 151

## 7.3　ミドルウェアのサンプル … 152
thunk ミドルウェア … 152
localStorage … 153

# 8章　Redux の非同期処理 … 155

## 8.1　非同期処理の基礎 … 156
非同期処理とは？ … 156
redux-thunk による非同期処理 … 157

## 8.2 thunk ミドルウェアの便利な使い方 …………………………… 162
複数のアクションをまとめる ………………………………………… 162
getState 関数 ……………………………………………………………… 165

# 9章 UI をきれいにしよう　167

## 9.1 UI ライブラリ ……………………………………………………… 168
React コンポーネントのスタイリング ……………………………… 168
UI ライブラリとは ……………………………………………………… 170
Material-UI ……………………………………………………………… 171
Material-UI を使ってみる ……………………………………………… 172

## 9.2 アニメーションを実装する ……………………………………… 178

# 10章 より実践的なアプリケーションを作ろう　183

## 10.1 アプリケーション作成の準備 …………………………………… 184
作成するアプリケーション …………………………………………… 184
事前準備 ………………………………………………………………… 185
Yahoo! ショッピングのカテゴリランキング API の仕様 ………… 188

## 10.2 アプリケーションを作ろう ……………………………………… 192
アプリケーションの雛形を作成 ……………………………………… 192
ファイル・ディレクトリ構成 ………………………………………… 192
Redux の導入 …………………………………………………………… 193
ページルーティングの導入 …………………………………………… 195
ページルーティングを実装 …………………………………………… 197
非同期処理の実装 ……………………………………………………… 201
Reducer の実装 ………………………………………………………… 205
Material-UI の導入 …………………………………………………… 215

## 11章 アプリケーションのテストを書こう　225

### 11.1 テストライブラリ（テストフレームワーク）　226
Jest　226

### 11.2 React・Redux アプリケーションのテスト　231
ActionCreator のテスト　231
非同期 Action Creator のテスト　232
Reducer のテスト　235
React コンポーネントのユニットテスト　237
React コンポーネントのスナップショットテスト　240

## 12章 作ったアプリケーションを公開しよう　245

### 12.1 アプリケーションを公開する　246
GitHub Pages　246
GitHub Pages のメリット・デメリット　253

### 12.2 Firebase について　254
Firebase とは？　254

## 13章 サーバサイドレンダリング　267

### 13.1 サーバサイドレンダリングとは？　268
サーバサイドレンダリングは必須ではない　268
React におけるサーバサイドレンダリングの流れ　269
React v15 以前のサーバサイドレンダリング　270

### 13.2 React v16 以降のサーバサイドレンダリング　287
React v16 でのサーバサイドレンダリングの変更点　287
Redux でのサーバサイドレンダリング　292

索引　297

第 1 章

# React・Reduxとは？

本章では、React・Reduxについて大筋を紹介します。
それぞれの仕組みを一通り理解した上で、
次章からReactの詳しい説明に入っていきます。

## 1.1 Reactとは？

　ReactはFacebook社が開発しているJavaScriptライブラリであり、WebのUIを作ることに特化しています。UIを細かく分割した場合、そのパーツごとに見た目と機能が存在しています。「見た目」とはHTMLやCSSによって作られた文字通りの見た目のことです。「機能」とは、例えば入力フォーム内の文字数をカウントしたり、あるいは入力した文字列をサーバサイドに送信するなどの振る舞いのことをさします。

　従来のクライアントサイドでは、HTMLで見た目を作り、JavaScriptで機能を定義していました。よって汎用的なパーツを作成しても、HTMLとJavaScriptをそれぞれ導入しなくてはならないため管理がしづらいという問題がありました。

　見た目と機能をひとまとまりにしたものを**コンポーネント**と呼びます。Reactを用いるとコンポーネントを容易に作成することができます。

　WebのUIはコンポーネントのツリー構造と捉えることが可能です。コンポーネントには親子関係があり、その大元はWebページ全体となります（図1.1）。

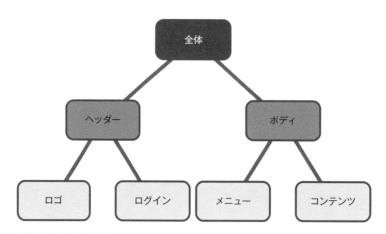

図1.1　コンポーネントツリー構造

## Reactの特徴

Reactの特徴としては以下のものがあげられます。それぞれ詳しく解説していきます。

- Virtual DOM
- JSX

### Virtual DOM

DOMとはDocument Object Modelの略で、HTMLやSVGといったXML形式の文書へのインターフェイスです。HTMLやSVGの各要素にアクセスするためのAPIともいえます。DOMはXML形式の文書をツリーとして表現し、アクセス可能にします。その結果、文書構造、見た目、およびコンテンツを変更することができます。

Virtual DOMはその名の通り、ブラウザが保持しているDOMとは別に、React内で仮想のDOMを管理しているイメージです。Virtual DOMを学ぶ前に、まずブラウザの**レンダリング**の仕組みを理解する必要があります。レンダリングとは、コードをブラウザへ描画するまでの処理の総称です（**図1.2**）。

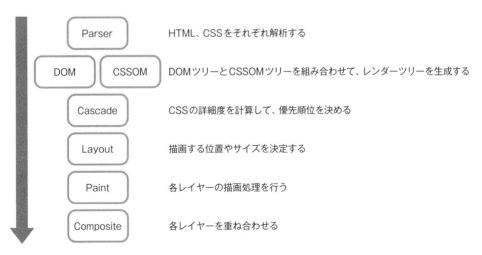

図1.2　レンダリングの仕組み

図1.2のうち、レイアウトとペイントはブラウザにとって負荷が高い処理となります。
DOM操作を行うとレンダーツリーの更新が起こり、再度レイアウトとペイントの処理が走ります（これらをそれぞれリフロー・リペイントと呼びます）。よって、ブラウザのパフォーマ

ンス面において、DOM操作を極力減らすことはよい対策といえます。

　ReactではDOMと対構造となっているVirtual DOMを定義し、ページ内を変化させる場合はまずVirtual DOMを変化させます。Virtual DOMはブラウザのレンダリングとは切り離されているため、いくら変更を加えたところで影響はありません。Virtual DOMの変化の差分を算出し、その対応部分のDOMを変化させます。そうすることにより、最小限のDOM操作でページ内を変化させることが可能となります（**図1.3**）。

**図1.3**　Virtual DOMの仕組みを図式化

　従来、DOM操作のパフォーマンスチューニングは人の手によって行われており骨が折れる作業でした。しかしReactではそれが自動的に行われるため、ユーザーはコンポーネントツリーの描画に注力することができるのです。

　場合によっては、さらなるパフォーマンスチューニングが求められることもありますが、そちらに関しては後々説明します。

### JSX

　ReactではVirtual DOMを用いるとさきほど述べました。Virtual DOMはReact.createElementというメソッドで生成することができます。しかし、全てのDOMに対してReact.createElementメソッドを行うのは現実的ではありませんし見栄えもよろしくありません。これに対し、JavaScriptを拡張した言語であるJSXを用いることで、開発の効率化を行うことができます。JSXに関しては第3章で詳しく説明するのでここでは割愛します。

## その他のライブラリ・フレームワークとの比較

　Ajaxが提唱されて以来、サーバサイドでHTMLを構築し、クライアントサイドではそれを表示すれば良いという単純な話ではなくなってきました。ブラウザの処理速度も向上し、サーバサイドで行われていた処理をクライアントサイドで行う例が増えていきました。JavaScript

は従来、Webページに動きをつけるものとして開発された言語ですから、複雑なロジックを組むにはあまりに貧弱です。そこでサーバサイドだけではなく、クライアントサイドにもフレームワークが必要であるという流れがでてきました。

　そのような流れの中で誕生したBackbone.jsではModel（単一のデータ）、Collection（データの集合）、View（見た目）を分離することで、非同期通信で取得してきたデータをHTMLに流し込む作業が簡略化されました。また、クライアントサイドでルーティングを行うためのRouterやHistoryを持っており（第6章参照）、シングルページアプリケーションの流布に大きく貢献しました。しかし、Viewの親子構造であったり、ViewとModel間のデータバインディング処理を自分で設定する必要があり、その実装は難易度が高いものでした。薄いライブラリなので、ブラックボックスがなく、全て理解した上で利用できるという点で高い人気を誇っていました。

　その後、双方向データバインディングを備えたAngular.jsが流行しました。ModelとView間のデータバインディングを自動で行ってくれるため、今までのデータをViewに反映したり、ユーザーからの入力をデータに反映したりしていた処理がほぼ必要なくなり、コード数がグッと減りました。

　そして、ReactがVirtual DOMとJSXという概念を持って登場しました。ReactはBackbone.jsやAngular.jsとは違い、Viewのみのライブラリです。その特徴はさきほど紹介した通りです。Reactでは細かいコンポーネントの組み合わせでWebアプリケーションを形作っていくという考えから、大規模なアプリケーション制作に向いています。

## 1.2 Fluxとは？

###  Fluxの特徴

　クライアントサイドが複雑化し、MVC（Model、View、Controller）やMVVM（Model、View、ViewModel）といった考え方が広まっていきました。その大きな特徴は、見た目とデータを分離することにありました。jQueryを用いてアプリケーションを作っていた時代には、DOMにデータを持たせていることがほとんどでした。例えば、チェックボックスのオンオフはチェックボックス自体のDOMを確認することでしか取得できませんでした。そこで、チェックボックスのオンオフをJSONで管理し、チェックボックスは常にそのJSONを見ながらオンオフを切り替えることで、見た目とデータを分離することができるようになりました。しかし、アプリケーションが巨大化し、ロジックが複雑になってくると、ModelとView、またはModel同士の結びつきも複雑化し、データの反映時に予期せぬ副作用が起きてしまう可能性があります。

　そこで考案されたのがFluxという考え方です。Fluxとはアーキテクチャの一種であり、その実装にはいくつかの種類があります。Fluxではユーザーの入力からActionを作成し、そのActionをdispatchすることでStoreにデータを保存し、Viewに反映させるといった流れを取ります。データが一方向のフローで流れるため、複雑なアプリケーションになっても不整合が起きづらい仕組みになっています。

###  Fluxの構成要素

　Fluxはアーキテクチャの一種ですが、Facebook社によるフレームワークとしての実装としても存在します。ややこしいのですが、その実装を元にFluxの構成要素に関して紹介していきます（図1.4）。

1.2 Fluxとは？

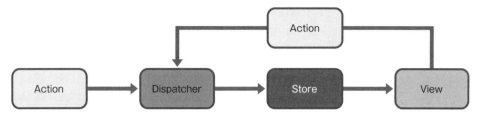

図1.4　Fluxの構成要素

### View

ViewはReactコンポーネントと同義と考えて良いでしょう。Viewに対してユーザーから何らかの入力や操作があった場合に、その内容を示すActionを作成します。

### Action

Actionは単なるオブジェクトで、非常にシンプルなものです。ActionをdispatchすることでActionがStoreに渡されます。「商品をカートに追加する」であったり、「商品を購入する」といったユーザーの操作はもちろんこの対象です。それだけではなく「モーダルを表示する」や「キャッシュしていたデータをリセットする」などのシステマチックなものも含みます。

### Dispatcher

Dispatcherが全てのデータの流れを管理しています。しかし、中身は単なるEventEmitterであり、DispatchされたデータはStoreが受け取ることができます。Dispatcherを通じて、全てのActionがStoreに送られるイメージです。

### Store

Storeはアプリケーションの状態（state）とロジックを保持している場所です。StoreはMVCでいうModelに似ていますが別物です。アプリケーション独自のドメインで状態（state）を管理することができるのが特徴です。Dispatcherによって渡されてくるActionを受け取り、アプリケーションの状態を変化させます。例えば、本を読んでいるかどうかの状態をStoreが持っている場合、**リスト1.1**のような形になるでしょう。

リスト1.1　Storeの例

```
{
    status : 0   // 0: 手をつけていない, 1: 読み途中, 2: 読了
}
```

これに対し、**リスト1.2**のようなActionをDispatchします。

**リスト1.2** ActionをDispatchする例

```
{
    type: 'START_READING'
}
```

StoreはこのActionを受け取り、'START_READING'というtypeから、読書ステータスを1（読み途中）に変更します。

もし、受け取ったtypeが'FINISH_READING'だったとしたら、Storeにある読書ステータスは2（読了）に変わるでしょう。Storeの内容が変更されるとそれをViewが感知して再描画が走ります。

## 1.3 Reduxとは？

Reduxは数あるFluxアーキテクチャの一種で、Dan Abramov氏によって作成されたものです。おもにReactと組み合わせることが多いですが、ReduxはあくまでFluxアーキテクチャの一種であるため、Reactと依存関係にあるものではありません。Angular.jsやVue.jsと組み合わせることも可能です。

まずはその特徴について詳しく見ていきましょう。

### Reduxの特徴

Reduxには次のような「Reduxの3原則」と呼ばれるものがあります。

- Single source of truth
- State in read-only
- Changes are made with pure functions

これらは主にアプリケーションの状態管理に関わる部分で、Reduxの思想として非常に重要なものとなります。それでは1つずつ説明していきます。

#### Single source of truth

アプリケーション内の全ての状態を一枚岩の大きなオブジェクトとして管理します。これにより、アプリケーションのデバッグやテストが容易になります。必要な状態をどこからでも取り出すことができるので、アプリケーションの実装自体もシンプルにすることができます。

#### State in read-only

アプリケーションの状態はコンポーネントから参照することができますが、直接変更することはできません。Action（どんな動作を行ったかを示す単なるオブジェクト）をdispatch（発行）することが、アプリケーションの状態を変更する唯一の方法です。これにより、データの流れが完全に一方向となり、余計な副作用が生まれることがなくなります。

### Changes are made with pure functions

状態の変更は副作用のない純粋関数によって行われます。純粋関数とはなんでしょうか。簡単な言い方をすると、「同じ入力値を渡すたび、決まって同じ出力値が得られる関数」をさします。Reduxでは、Actionを入力として受け取り、状態を変化させ、それを出力します。その部分を担う存在としてReducerがあります。Reducerに関して詳しくは後述します。

##  Reduxの構成要素

さて、Reduxはどのような要素で構成されているのでしょうか。基本的にはFluxと似ています。特にView、Action、Store、Dispatcherの概念は一緒と考えて良いでしょう。Reduxではそれらに加えて少し登場人物が増えることになります。

### Reducer

Reduxの特徴でも述べましたが、Reducerは状態を変化させるための関数です。どこからともなく送られてきたActionの内容によって既存の状態を変化させます。先ほどの「本を読んでいるかどうか」という状態を変化させる例をもって説明します（リスト1.3）。

リスト1.3　Reducerの例

```
function books(state = null, action) {         ──❶
  switch (action.type) {                       ──❷
    case 'START_READING':
      return {
        ...state,
        status : 1,
      };                                       ──❸

    case 'FINISH_READING':
      return {
        ...state,
        status : 2,
      };                                       ──❹

    default:
      return state;
  }
}
```

リスト1.3のコードではまずbooksという関数が定義されています❶。これがReducer本体となります。第一引数にstate、第二引数にはactionが渡ってきます。stateとは文字通り、今の状態を表すオブジェクトで、Reducerではこれに変更を加えることになります。actionとは、どんな動作を行ったかを示すオブジェクトです❷。actionには必ずtypeというプロパティが生えており、行った動作を示す文字列が渡ってきます。ちなみに文字列以外でも動作可能です。typeを一意にするためにSymbol要素を使う方法もあります。今回は、本を読み始めたことを示すSTART_READINGというactionタイプと❸、本を読了したことを示すFINISH_READINGというactionタイプがあります❹。もしSTART_READINGというactionタイプが渡ってきた場合は読書ステータスを1に変更し、FINISH_READINGというactionタイプが渡ってきた場合は読書ステータスを2に変更します。今回の例では、switch文を用いてactionタイプによって処理を振り分けています。

リスト1.4 Spread Operator

```
return {
  ...state,
  status : 1,
}
```

リスト1.4の部分で頭にはてながついてしまった方がいると思うので説明します。この構文はES2015で定義された **Spread Operator** というものです。

## Spread Operator

Spread Operatorは、ES2015から導入された仕様です。これを用いることで、配列やオブジェクト、さらには関数に与える引数を展開することができます。

例えばリスト1.5のように配列を展開することができます。

リスト1.5 配列の展開

```
const hoge = [2, 3];
console.log([1, ...hoge, 4, 5]);
```

実行結果

```
[1, 2, 3, 4, 5]
```

オブジェクトの例も挙げてみます。

**リスト1.6　オブジェクトの展開**

```
const fuga = { name: 'Taro', age: 25 };
const piyo = { name: 'Jiro', location: 'Tokyo' };
console.log({...fuga, ...piyo});
```

実行結果

```
{ name: 'Jiro', age: 25, location: 'Tokyo' }
```

このようにオブジェクトの展開が可能です。プロパティが被っている場合は、後ろのものが優先されます。**リスト1.6**の例では連結後のnameは'Jiro'となります。次に、関数に与える引数の展開を行ってみます。配列を関数の引数に直接与えたい場合に、Spread Operatorを用いると**リスト1.7**のように記述することができます。

**リスト1.7　関数に与える引数の展開**

```
const myFunc = (x, y, z) => [ x, y, z ];
const args = [0, 1, 2];
myFunc(...args);
```

実行結果

```
[ 0, 1, 2 ]
```

また、引数の一部にのみ適用することも可能です（**リスト1.8**）。

**リスト1.8　引数の一部への適用**

```
const myFunc = (v, w, x, y, z) => [v, w, x, y, z];
const args = [0, 1, 2];
myFunc(3, ...args, 4);
```

実行結果

```
[3, 0, 1, 2, 4]
```

さて、話を戻しましょう。Reducerの説明の途中でしたね。switch文を用いてactionタイプによって処理を振り分けるという話をしていました。処理の振り分けさえできればswitch文である必要もありません。**リスト1.9**のような書き方も可能です。

リスト1.9　処理の振り分け

```
const reducers = {
  START_READING : (state, action) => (
    return {
      ...state,
      status : 1,
    };
  ),
  FINISH_READING : (state, action) => (
    return {
      ...state,
      status : 2,
    };
  ),
};
function books(state = null, action) {
  if (!reducers[action.type]) {
    return state;
  }
  return reducers[action.type](state, action);
}
```

　switch文では一致するactionタイプがない場合、最後のcaseまで見に行ってしまいますが、上記のようにオブジェクトのKeyを用いた判定であれば早期リターンをすることができます。

### Reducerにおける注意点

　Reducerでは状態を変化させますが、Component側ではその変化を元にViewを描画します。ここで注意していただきたいのが、JavaScriptの参照渡しについてです。変数への代入は**リスト1.10**のように値渡しになるイメージはつきやすいと思います。

リスト1.10　Reducerにおける値渡し

```
let x = 10;
let y = x;
y = 5;
console.log(y);  // 5
console.log(x);  // 10
```

x、yという変数の格納場所はそれぞれ存在しており、yを変更したところでxには関係がありません。

次に参照渡しの例です（**リスト1.11**）。

**リスト1.11** Reducerにおける参照渡し

```
let x = [1, 2, 3];
let y = x;
y[1] = 4;
console.log(y);  // [1, 4, 3]
console.log(x);  // [1, 4, 3]
```

2行目でyにxを代入する際、xの値のコピーがyに渡されるのではなく、xの値が格納されているメモリ番地がyに渡されます。つまり、この時点でxとyは同じ箱を見ているのです。よって3行目で配列の中身を書き換えると、xとyともに変更されます。

さて、Reducerにおいて参照渡しをしてしまうと何が起きるでしょうか。Reducerで状態を変化させた後、View側でその変化の比較を行いたい場合があります。例えば**リスト1.12**のようなコレクションがあったとします。

**リスト1.12** Reducerの参照渡し

```
const member = [
  {
    id: 1,
    name: 'Taro'
  },
  {
    id: 2,
    name: 'Jiro'
  }
];
```

これに対し、**リスト1.13**のオブジェクトを加えたいと思います。

**リスト1.13** オブジェクトの追加

```
member.push({
  id: 3,
  name: 'Saburo'
});
```

これによってmemberの中身は**リスト1.14**のように変化します。

**リスト1.14** オブジェクトの変化

```
const member = [
  {
    id: 1,
    name: 'Taro'
  },
  {
    id: 2,
    name: 'Jiro'
  },
  {
    id: 3,
    name: 'Saburo'
  }
];
```

　今回の例、実は参照渡しになっていることにお気付きでしょうか。変更前と変更後で比較すると配列の中身は変わっているはずなのにイコール判定されてしまいます。そこで、オブジェクトや配列の操作を行う場合は基本的には参照渡しではなく、値のコピーを渡してあげることが大切です。さきほど説明したSpread Operatorは、オブジェクトや配列のコピーを行ってくれるので元の値には影響を与えません。また、参照を切る方法としてES2015で標準化されたObject.assign()というメソッドを用いることも多いです。Object.assign()を用いると**リスト1.15**のような書き方となります。

**リスト1.15** Object.assignメソッドを用いた例

```
function books(state = null, action) {
  switch (action.type) {
    case 'START_READING':
      return Object.assign({}, state, {
        status: 1
      });

    case 'FINISH_READING':
      return Object.assign({}, state, {
        status: 2
      });
```

```
    default:
      return state;
  }
}
```

第2章

# create-react-appで開発をはじめよう

この章では、Reactの開発を行うために必要な開発環境を整えていきます。
コンソールを使用してcreate-react-appをインストールしていきます。

## 2.1 create-react-appとは？

### 開発環境を整える

　この章ではReactでの開発を始められるように、create-react-appで開発環境を整えていきます。

　create-react-appとは、ビルド設定などなしにReactの開発を簡単にはじめられることを目的としたFacebook（Reactの開発元）が提供する開発ツールです。create-react-appが登場する以前は、本格的なReactのアプリケーションを開発する時に、複数のツールを組み合わせ、それぞれのツールの設定を記述するなど非常に面倒な作業が必要でした。こういった課題を解決するために生まれたのがcreate-react-appであり、create-react-appを用いることで簡単にReactの開発をはじめることができます。

### インストール

　さっそくcreate-react-appをインストールして開発をはじめたいところですが、Reactの開発をはじめるにはNode.jsのインストールが必要です。Node.jsとはブラウザ以外のプラットフォームで動作するJavaScriptの実行環境です。Reactの開発においてはNode.jsを開発ツールとして利用します（create-reat-appを使用する使用しないにかかわらずReactの開発にはNode.jsが必要です）※1。

#### Node.jsのインストール

　create-react-appを使用するにはバージョン6以上のNode.jsがインストールされている必要があります。今回はNode.jsの公式サイトで配布されているインストーラーを使ってインストールします（公式のインストーラーでは1つのバージョンのNode.jsしかインストールすることができません。一方で、参加する業務やプロジェクトによっては、複数のバージョンの

---

※1　以降の作業で「コマンド」と出てきた場合には、コンソールでの作業を意味します。Windowsでは「コマンドプロンプト」、Macでは「ターミナル」でコマンドを実行します。Reactの開発を始めとするモダンJSの開発ではコマンドラインの操作が必須になります。

Node.jsを切り替えて作業をしたいケースがあります。本書では説明を省略しますが、nvmやnodebrewといったNode.jsのバージョン管理ツールを使用すると複数のバージョンのNode.jsを使用することができます）。

まずは公式サイトを開きます（図2.1）。

●Node.js公式サイト
URL https://nodejs.org/ja/

図2.1　Node.js公式サイト

TOPページを開いたら、[8.9.4 LTS 推奨版]ボタンをクリックし、Node.jsのインストーラーをダウンロードします[※2]。以降は、OS別（Windows、Mac）に説明していきます。

---

[※2] Node.jsのバージョンは本書執筆時点での最新バージョンであり、異なっている場合があります。また、この書籍ではmacOSで解説を行っています。

### Windowsの場合

ダウンロードしたファイル（node-v8.9.3-x64.msi）を開き、インストーラーを起動します。

図2.2　インストーラーの起動

「Welcome to the Node.js Setup Wizard」の画面が出るので「Next」をクリックします（図2.2）。

すると英文の「使用許諾契約」画面が出るので、内容を確認し、「I accept the terms in the License Agreement」にチェックを入れ、「Next」をクリックします（図2.3）。

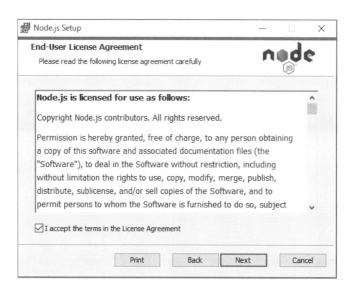

図2.3　使用許諾契約画面

Node.jsを置くファイルを指定します。何も変更せず[Next]をクリックします（**図2.4**）。

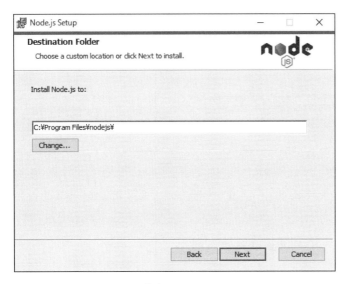

図2.4　ファイルの置き場所を指定

「Custom Setup」という「インストールの種類」を選べる画面が出るので、何も変更せずに「Next」をクリックします（**図2.5**）。

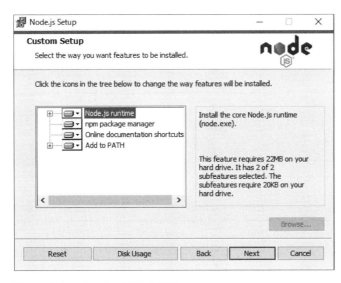

図2.5　「インストールの種類」を選択

インストール画面が出るので[Install]をクリックします（図2.6）。

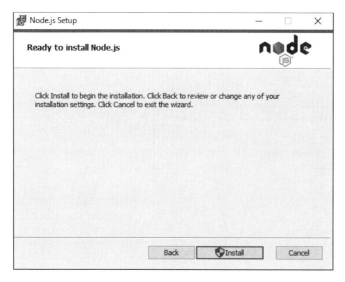

図2.6　インストール画面

完了画面が出て「Completes the Node.js Setup Wizard」と表示されます。[Finish]をクリックしてインストーラーを終了します。

Windows PowerShellをメニューから開いて、以下のコマンドを実行し、実際にNode.jsのインストールが正しく完了しているかを確認します。

```
> node -v
```

インストールしたNode.jsのバージョンが表示されればNode.jsのインストールは完了です。

```
> node -v
v8.9.4
```

## Macの場合

ダウンロードしたファイル（node-v8.9.1.pkg）を開き、インストーラーを起動します。

図2.7　インストーラーの起動

「はじめに」画面が出るので［続ける］をクリックします（**図2.7**）。

図2.8　使用許諾契約

「使用許諾契約」画面が出るので[続ける]をクリックします(図2.8)。

図2.9　使用許諾契約の確認ダイアログ

確認ダイアログが出るので「同意する」をクリックします(図2.9)。

「インストールの種類」画面が出るので「インストール」をクリックします(この際、OSのパスワード入力を求められる場合があります)。

図2.10　インストールの完了画面

「完了」画面が出て「インストールが完了しました」と表示されます。「閉じる」をクリックしてインストーラーを終了します。

「ターミナル」アプリを起動し、以下のコマンドを実行し、実際にNode.jsのインストールが正しく完了しているかを確認します。

```
$ node -v
```

インストールしたNode.jsのバージョンが表示されればNode.jsのインストールは完了です。

```
$ node -v
v8.9.4
```

## create-react-appのインストール

node.jsをインストールできたら、こんどはcreate-react-appをインストールします。コンソール上で以下のコマンドを実行してcreate-react-appをインストールします。

```
$ npm install -g create-react-app
```

## 2.2 アプリケーションの作成

create-react-appをインストールできたら、Reactを使ってHello, World! を表示してみましょう。以下のコマンドを実行して、アプリケーションを作成します。my-appはアプリケーション名になりますので任意の名前を指定してください。

```
$ create-react-app my-app
```

my-appディレクトリが作成され、ディレクトリ内にアプリケーションに必要なファイルが生成されます。それと同時に、必要な依存パッケージも自動的にインストールされます。

 **プロジェクトの構成**

上記のコマンドで作成されたmy-appディレクトリには以下の構造でプロジェクトが作成されます。

```
my-app
├── README.md
├── node_modules
├── package.json
├── .gitignore
├── public
│   ├── favicon.ico
│   ├── index.html
│   └── manifest.json
└── src
    ├── App.css
    ├── App.js
    ├── App.test.js
    ├── index.css
    ├── index.js
    ├── logo.svg
    └── registerServiceWorker.js
```

- README.md

  create-react-appの使い方の説明が記載されています
- node_modules

  アプリケーション開発に必要なnode.jsのモジュールが格納されています
- package.json

  node.jsアプリケーションの設定ファイルです
- public

  ソースコード以外のアプリケーションのリソースが格納されています
- src

  アプリケーションのソースコードが格納されています

##  アプリケーションを起動

create-react-appで作成したディレクトリ内ではいくつかのコマンドが使用できますので、cdコマンドを使い、my-appディレクトリに移動します。

```
$ cd my-app
```

さっそく、開発モードでアプリケーションを起動するコマンドを実行してみましょう。以下のコマンドを実行します。

```
$ npm start
```

コマンド実行後、自動的にブラウザが起動しhttp://localhost:3000/が開かれ、開発中のアプリケーションが表示されます（図2.11）。

第2章　create-react-appで開発をはじめよう

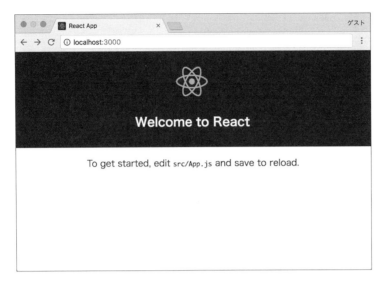

図2.11　アプリケーションの立ち上げ

　開発モードでは、ソースコードを変更すると自動的にアプリケーションがビルドされます。それと同時にブラウザが自動でリロードされ最新の状態が反映されます。また、コンソールにはビルドエラーとlintの警告が表示されます。

　開発モードを終了する場合はコンソール上でControl + Cを押します。

##  Hello, World!

　実際にソースコードを修正して、起動中のアプリケーションに反映されることを確認してみましょう。エディタで［src/App.js］ファイルを開きます。

リスト2.1　Hello, World!の実装（src/App.js）

```
import React, { Component } from 'react';
import logo from './logo.svg';
import './App.css';

class App extends Component {
  render() {
    return (
      <div className="App">
        <header className="App-header">
          <img src={logo} className="App-logo" alt="logo" />
```

28

```
        <h1 className="App-title">Welcome to React</h1> ───────❶
      </header>
      <p className="App-intro">
        To get started, edit <code>src/App.js</code> and save to reload.
      </p>
    </div>
  );
 }
}

export default App;
```

11行目のWelcome to Reactの部分をHello, World!に修正して保存します（**リスト2.1 ❶**）。すると、ブラウザが自動でリロードされ、修正内容が反映されます（**図2.12**）。

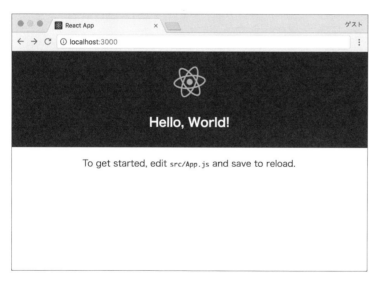

図2.12　Hello, World!の表示

第3章
# JSX

JSXとはなにか？ なぜ必要なのか？ という前提の話と
利用する上で理解が必要な構文について解説します。

第3章　JSX

##  JavaScriptを拡張した言語

　JSXとはJavaScriptを拡張した言語です。Reactと同じく、Facebookが考案しました（図3.1）。Reactを用いた開発においてJSXの利用は必須ではありませんが、ReactとJSXを一緒に利用することが推奨されており、Reactの公式サイトのサンプルコードはほぼ全てJSXで記述されています。

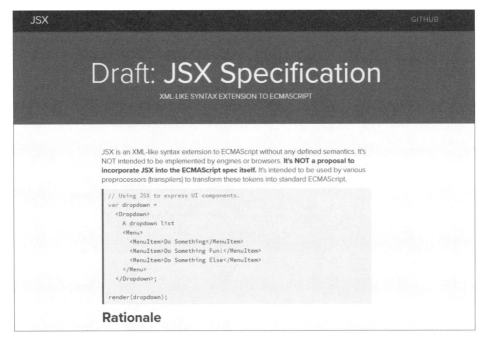

図3.1　JSXトップページ

## 3.1 JSXとは？

　JavaScriptをどのように拡張しているか理解するために、第2章の最後のサンプルコードをもう一度見てみましょう（**リスト3.1**）。

リスト3.1　第2章の最後に登場したsrc/App.jsのコード

```
import React, { Component } from 'react';
import logo from './logo.svg';
import './App.css';

class App extends Component {
  render() {
    return (
      <div className="App">
        <header className="App-header">
          <img src={logo} className="App-logo" alt="logo" />
          <h1 className="App-title">Welcome to React</h1>
        </header>
        <p className="App-intro">
          To get started, edit <code>src/App.js</code> and save to reload.
        </p>
      </div>
    );
  }
}

export default App;
```

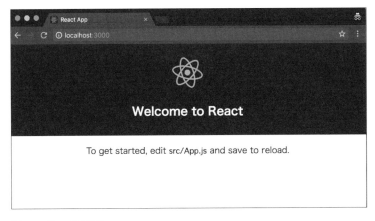

図3.2　サンプル画面

## 第3章　JSX

　もうお気づきかと思いますが、拡張子やclass記述などは普通のJavaScriptのように見えますが、Appクラスのrenderメソッドの中にHTMLのタグが記述されています。もちろん、このサンプルコードに記述されていないHTMLタグも記述できます（**リスト3.2**）。HTMLタグの属性もほぼ同じように利用できますが、一部の属性については属性名が異なっていたり、使い方に注意が必要なものもあります。例えば、［src/App.js］のclassName属性は、HTMLのclass属性と同じです。詳しくは後述します。

**リスト3.2**　すべてのHTMLタグを記述可能

```
class App extends Component {
  render() {
    return (
      {/* class属性はJSX上ではclassName属性に記述 */}
      <div className="App">
        <header className="App-header">
          {/* src, alt属性はJSXでも同じ */}
          <img src={logo} className="App-logo" alt="logo" />
          <h1 className="App-title">Welcome to React</h1>
        </header>
        <p className="App-intro">
          To get started, edit <code>src/App.js</code> and save to reload.
        </p>
      </div>
    );
  }
}
```

　もちろんこのままではJavaScriptとして実行できないので、トランスパイラと呼ばれるツールを使ってJavaScriptに変換する必要がありますが、create-react-appがうまいことやっています。create-react-appが内部で実行している変換の仕組みやツールについてはこの章で後半で解説しますので、興味があれば読んでみてください。トランスパイラは、JSXのタグをReact.createElement関数の呼び出しに変換します（**リスト3.3**）。

**リスト3.3**　Babel REPL(http://babeljs.io/repl/)を使った変換

```
// 変換前のコード
React.render(
  // この部分がJSX
  <h1>Hello, World</h1>
);
```

```
// 変換後のコード
// Babel REPL(http://babeljs.io/repl/)を使って変換
"use strict";

React.render(
// この部分がJSX
React.createElement(
  "h1",
  null,
  "Hello, World"
));
```

## JSXはなぜ必要なのか？

「最終的にJavaScriptに変換するなら、最初からJavaScriptで書けばいいじゃん」と思う方もいるかもしれません。実際、JSXを使わずにReactを使った開発を行うことは可能です。ですが、**リスト3.4**のJSXをご覧ください。

リスト3.4　JSXを使った例

```
const form = (
  <form>
    <div>
      <label>メールアドレス</label>
      <input type="email" />
    </div>
    <div>
      <label>パスワード</label>
      <input type="password" />
    </div>
    <button type="submit">送信</button>
  </form>
);
```

こちらをJavaScriptに変換したものが**リスト3.5**です。

リスト3.5　JSXを使わなかった例

```
const form = React.createElement(
  "form",
  null,
  React.createElement(
    "div",
    null,
    React.createElement(
      "label",
      null,
      "メールアドレス"
    ),
    React.createElement("input", { type: "email" })
  ),
  React.createElement(
    "div",
    null,
    React.createElement(
      "label",
      null,
      "パスワード"
    ),
    React.createElement("input", { type: "password" })
  ),
  React.createElement(
    "button",
    { type: "submit" },
    "送信"
  )
);
```

　どちらが最終的に出力されるHTMLの構造をぱっと見で把握できるかは、明白なのではないでしょうか？ JSXを使わずともReact.createElementを短く記述できるユーティリティ関数を定義する、インデントを工夫する、などの方法である程度までは読みやすく記述できるかもしれません。が、JSXでは出力するHTMLの構造をそのまま記述でき、直感的にこのコードによって何が出力されるのか簡単に把握できます。最初は「JavaScriptにHTMLタグが書けるなんて、気持ち悪い！」と思うかもしれませんが、書いているうちにすぐ慣れます。慣れましょう！ また、React.createElement関数を直接使う方がうまく実装できるケースもあります。それについては、後述します。

## JSXの文法

ここではJSXの文法について解説します。

### スコープにReactが必要

JSXのタグは、React.createElement関数の呼び出しに変換されるため、参照できるスコープにReactが無いと実行時にエラーになってしまいます。**リスト3.6**のサンプルコードは意図的にReactのimport文をコメントアウトしています。JSXからJavaScriptへの変換には成功しますが、実行時にReact.createElement関数を参照できずエラーになります。

リスト3.6　参照できるスコープにReactがない状態

```
// Reactがimportされていないファイル
// import React from 'react';

function HelloComponent() {
  // React.createElement関数が参照できず、
  // 実行時にエラーが発生する
  return <h1>Hello, World</h1>;
}
```

### 式の埋め込み

{}で囲うことで、1 + 1やsomeFunction()などの式をJSX内に埋め込むことができます（リスト3.7）。

リスト3.7　式の埋め込み

```
const fullnames = {
  ryoma: '坂本龍馬',
  taka: '西郷隆盛',
  kai: '勝海舟',
};
const getFullname = nickname => fullnames[nickname];
const element = <h1>Hello, {getFullname('ryoma')}</h1>;
```

## JSXを式として扱う

先ほど触れましたが、JSXのタグはトランスパイル後に通常のJavaScriptのオブジェクトに変換されます。よって、JSXは変数に代入したり、関数の引数として利用したり、ifやforの内側で利用可能です（リスト3.8）。

リスト3.8　式の変換

```
// if内でJSXを利用
function Hello(name) {
  if (typeof name === 'string') {
    return <h1>Hello, {name}</h1>;
  }
  return <h1>Who are you?</h1>;
}

// for内でJSXを利用
function Names(names) {
  const list = [];
  for (let i = 0; i < names.length; i++) {
    list.push(<li>{names[i]}</li>);
  }
  return <ul>{lists}</li>;
}

function wrap(component) {
  return <div>{component}</div>;
}

// 関数の引数
wrap(<h1>Hello, World</h1>);
```

## 属性の指定

属性の指定はHTMLタグとほとんど変わりません。<>内に属性名="値"の形で記述すると、その属性に対して文字列を渡します（リスト3.9）。

リスト3.9　属性の指定

```
// inputのtype属性に"text"を、valueに"some value"を文字列で渡す
const element = <input type="text" value="some value" />;
```

属性値をクォーテーションではなく{}で囲うと、式を記述できます（**リスト3.10**）。

リスト3.10　式の記述

```
const inputValue = 'some value';
const element = <input type="text" value={inputValue} />;
```

HTML同様、属性名だけの記述も可能です。その場合、属性名={true}と記述した場合と同等です（**リスト3.11**）。

リスト3.11　属性名だけの記述

```
// element1とelement2は同じ
const element1 = <input type="checkbox" checked />;
const element2 = <input type="checkbox" checked={true} />;
```

属性名については、camelケースで記述します（**リスト3.12**）。例えば、onclickはonClick、tabindexはtabIndex、という感じで最初は小文字、後に続く単語の先頭は大文字で記述します。camelケースは、camel＝らくだということでらくだのコブのような規則ということです。

リスト3.12　属性名の例1

```
const element = <input type="text" onClick={() => {}} />;
```

JavaScriptの予約語と被ってしまうので、JSXでは、class属性の代わりにclassNameを、for属性の代わりにhtmlForを使用します（**リスト3.13**）。

リスト3.13　属性名の例2

```
const element = (
  <label
    htmlFor="..."
    className="label"
  >hoge</label>
);
```

### 子要素の指定

これまでのサンプルコード中に何度も記述していますが、JSXタグ内に子要素を指定できます（**リスト3.14**）。

## 第3章 JSX

リスト3.14 子要素の指定

```
const heading = (
  <h1>
    Hello, <strong>JSX</strong>
  </h1>
);
```

{}を使うことで子要素に変数や式の埋め込みが可能です（**リスト3.15**）。

リスト3.15 子要素への埋め込み

```
// 子要素に別のElementを埋め込み
const child = <div>child</div>;
const parent = <div>{parent}</div>;

// 子要素の一部に変数を埋め込み
const name = 'JSX';
const heading = (
  <h1>Hello, {name}</h1>
);
```

複数のElementを埋め込む場合、子要素に配列を渡します。**リスト3.16**のサンプルコードのように、子要素に式を記述して複数の子要素を生成するパターンは多用するので、覚えておくとよいでしょう。

リスト3.16 子要素に配列を渡す

```
// 複数の<li>を子要素に埋め込み
const list = (
  <ul>
    {[1, 2, 3].map(num => <li>{num}</li>)}
  </ul>
)
```

### 空要素は必ず閉じる

　JSXで記述するタグが子要素のない空要素の場合、JSXでは/>で明示的にタグを閉じる必要があります。閉じていない場合は、シンタックスエラーになり、JavaScriptへの変換が失敗します（**リスト3.17**）。

リスト3.17　空要素の例

```
// syntax error
const img = <img src="...">;

// これが正しい
const img = <img src="..." />;
```

## React.createElement関数を使う方が有用なケース

　さきほど、「JSXを使わずにReact.createElement関数を使った方が有用なケースもある」とお話しました。その説明をする前に、React.createElement関数の使い方を説明しておきます。React.createElement関数は、第一引数がタグ名（またはコンポーネントのコンストラクタ）、第二引数は属性（props）、第三引数以降は子要素を指定します。JSXとトランスパイラで変換した後のコードを比較するとわかりやすいので、参考にしてください。

リスト3.18　コードの比較

```
// 変換前のコード (JSX)
const element = <h1 className="heading">Hello, JSX</h1>;

// 変換後のコード (JavaScript)
const element = React.createElement(
  // タグ名
  "h1",
  // 属性
  { className: "heading" },
  // 子要素
  "Hello, JSX"
);
```

　React.createElement関数を利用した方が良いケースは、属性や子要素は全く同じで、タグ名だけ変更したい場合です。以下のサンプルコードでは、変数levelの数字に応じて、h1からh6タグを出し分けています。同じコードをJSXで実装しようとすると、長いif文やswitch文を書くことになります。

リスト3.19　変数levelの数字に応じて、h1〜h6タグを生成する

```
const level = 3;
const heading = React.createElement(`h${level}`, ...);
```

```
// JSXを使う場合、switch文で実装することになる
switch (level) {
  case 1:
    return <h1>...</h1>;
  case 2:
    return <h2>...</h2>;
  ...
}
```

　より再利用性の高いコンポーネント（コンポーネントについては第4章で解説します）を定義する時に利用することがあるので、頭の片隅に覚えておくとよいでしょう。

## 3.2 Babelを使ってJSXをJavaScriptに変換する

繰り返しになりますが、JSXはそのままでは実行できず、トランスパイラを使って実行可能なJavaScriptのコードに変換する必要があります。この節では、変換方法や、create-react-appが内部で利用しているwebpackについて解説します。この節で解説する内容は、create-react-appがよしなにやってくれており、普段は気にする必要ありません。興味がなければこの節は読み飛ばして第4章に進んでも構いません。

### トランスパイラとは？ Babelとは？

JSXで記述されたコードは、JavaScriptのシンタックスとしては解釈できないので、そのままではブラウザ上やNode.jsで実行できません。JSXの変換に対応しているトランスパイラを使ってJavaScriptに変換し、実行します。トランスパイラとは、ソースコードからソースコードへの変換を行うツールで、JavaScriptに変換するものだと、CoffeeScript、TypeScript、そして今回紹介する**Babel**が有名です。Babelは、全ての変換処理がプラグイン化されている拡張性の高いトランスパイラです。Babelは元々6to5という名前のツールで、当時あまり実装されていなかったECMAScript6以上の文法を使って記述されたJavaScriptを、広い環境で動作するECMAScript5の文法に変換するツールでした。今もECMAScriptの将来の文法を現時点で動作する文法に変換する役割を果たしていますが、文法の解釈や変換はプラグインで利用者が選択する方式やJSXやFlowtypeなどの変換も行えます。

では、実際にJSXで記述されたコードを、Babelで変換してみましょう。Babelの実行方法はさまざまで、CLI、REPL、webpackやbrowserifyのモジュール読み込み時、Node.jsのモジュール読み込み時などあります。今回は、CLI、webpackでのモジュール読み込み時に行う方法を紹介します。

### CLI

まずは、CLI経由でBabelを実行する方法を紹介します。Babelの関連パッケージは全てnpm（Node.js Package Manager）のレジストリで公開されていますので、npmコマンドを使ってインストールします。npmコマンドは、Node.jsをインストールすると一緒にインス

トールされます。まずはコマンドを入力してみましょう。

URL https://nodejs.org/ja/

```
$ node -v
v8.9.1
```

```
$ npm -v
5.6.0
```

では、npmで必要なパッケージをインストールしましょう。下記コマンドをコンソールで実行してください。

```
$ mkdir babel-cli-example && cd babel-cli-example
$ echo "{}" > package.json
$ npm install --save-dev babel-cli babel-preset-react
```

　上記の1つ目と2つ目のコマンドで、babel-cli-exampleというディレクトリを作成し、その中にpackage.jsonというファイルを生成しています。package.jsonは、JSONフォーマットで記述する必要があるので、空オブジェクト（{}）で初期化しています。 3つ目のnpm installは、npmパッケージをインストールするコマンドです。babel-cli、babel-preset-reactの2つのパッケージをインストールしています。 babel-cliは、BabelをCLI上で動作させるためのパッケージです。Babelを使ったソースコードの変換を行うbabelコマンドと、変換に加えて変換後のソースコードをそのままNode.jsで実行するbabel-nodeコマンドを含んでいます。 パッケージ名の先頭に「babel-preset」が付くパッケージは、特定の目的のために利用するBabelのプラグインをまとめたパッケージです。babel-preset-reactは、Reactを使った開発を行う時に必要なBabelプラグインをまとめたパッケージで、BabelがJSXの文法をパースできるようにするためのプラグイン（babel-plugin-syntax-jsx）や、BabelがJSXをJavaScriptに変換するためのプラグイン（babel-plugin-transform-jsx）などが含まれています（他にもFlowtypeに関するプラグインが含まれています。）。それぞれのプラグインを個別にインストールしてもよいですが、各プラグインのアップデートを自分で追うのは結構面倒なので、特に理由がなければbabel-preset-reactを使いましょう。npm installに--save-devフラグを付けて実行しているので、package.jsonを配置したディレクトリ（babel-cli-example）の./node_modules以下にそれらのパッケージが配置され、各パッケージのバージョンがpackage.jsonに記録されます。ま

た、babel-cliのbabelコマンドやbabel-nodeコマンドのように、パッケージが実行ファイルを含んでいる場合、npmはそれらの実行ファイルのシンボリックリンクをnode_modules/.bin以下に貼ります。3つのコマンドを実行し終わった後のディレクトリ・ファイル構成は下記のようになっているはずです（3つのパッケージ以外に、多くの依存パッケージがインストールされるので、一部省略しています）。

```
# treeコマンド
# ディレクトリ・ファイル構造を表示するコマンド
$ tree -L 3 -a babel-cli-example

babel-cli-example
├── node_modules
│   ├── .bin
│   │   ├── babel -> ../babel-cli/bin/babel.js
│   │   ├── babel-node -> ../babel-cli/bin/babel-node.js
│   │   └── ... その他のパッケージの実行ファイル ...
│   │
│   ... その他の依存パッケージ ...
│   │
│   ├── babel-cli
│   │   └── ...
│   ├── babel-preset-react
│   │   └── ...
│   │
│   ... その他の依存パッケージ ...
│
└── package.json
```

では、実際にJSXの変換を実行してみましょう。まず、変換対象のJSXで記述されたファイルを作成します。**リスト3.20**を［input.js］という名前で［package.json］のあるディレクトリに保存してください。

**リスト3.20** input.js

```
ReactDOM.render(
  <h1>Hello, Babel!</h1>,
  document.getElementById('root')
);
```

babelコマンドを使って、[input.js]を変換します。今回は[babel-preset-react]を使って変換したいので、babelコマンドの第一引数に --presets=react を指定します。--presets=babel-preset-reactではないことに注意してください。最後の引数には、変換したいファイルを指定します。実行すると、標準出力に変換結果が出力されます。

```
# ./node_modules/.bin/babel [オプション...] 変換したいファイル
$ ./node_modules/.bin/babel --presets=react input.js
ReactDOM.render(React.createElement(
  'h1',
  null,
  'Hello, Babel!'
), document.getElementById('root'));
```

標準出力ではなくファイルに出力したい場合は、--out-fileでファイル名を指定します。

```
# 変換結果をoutput.jsに出力
$ ./node_modules/.bin/babel --presets=react input.js --out-file output.js
```

ディレクトリ以下にあるファイルを一気に変換したい場合は、--out-dir、または、-dに出力ディレクトリを指定し、変換対象のディレクトリを指定します。変換対象のディレクトリのファイル構造を維持して出力します。ちなみに、srcディレクトリには変換前のソースコード、libディレクトリには変換後（または、変換が必要のない）のソースコードを置くことが慣習となっています。

```
# 変換対象のディレクトリ
$ tree src
src
├── a.js
├── b.js
└── some-dir
    └── c.js

1 directory, 3 files
```

```
# 変換実行  babel --presets=react src -d lib でも可能
$ babel --presets=react src --out-dir lib
src/a.js -> lib/a.js
src/b.js -> lib/b.js
src/some-dir/c.js -> lib/some-dir/c.js
```

```
# 出力ディレクトリ
# ファイル・ディレクトリ構造を維持して出力される
$ tree lib
lib
├── a.js
├── b.js
└── some-dir
    └── c.js

1 directory, 3 files
```

babel-cliによる変換は、JSX等で記述されたソースコードをNode.jsで実行したい場合や、npmパッケージとして配布したい場合に有用です。第12章で解説するサーバサイドレンダリングでは、サーバサイド（Node.js）とブラウザの両方でJSXによって記述されたコードが動く必要があるので、babel-cliと、この後説明するwebpackでの変換を組み合わせて利用する必要があります。

##  webpackとは

webpackとは、**モジュールバンドラー**と呼ばれるツールです。モジュールバンドラーは、後述するES Modulesや、Node.jsで利用されているCommonJSのモジュール方式で記述されたソースファイルを束ねて、ブラウザで実行可能な静的なJavaScriptファイルを出力します。Webのフロントエンド開発でnpmパッケージを多用するようになった昨今、必須のツールです。また、webpackにはLoaderという仕組みがあり、各モジュールを束ねる際に事前処理を挟むことが可能です。webpackを使ったJSXの変換は、Loaderを利用し行います。

では、実際にwebpackを動かしてイメージを掴みましょう。先ほどのbabel-cliと同様に、作業ディレクトリを作り、空のpackage.jsonを作ってください。npmで下記のパッケージをインストールします。開発時に使うパッケージには--save-dev（または-D）を、アプリケーションの動作に関わるパッケージは--save（または-S）を付け、npm installを実行します。babelloaderはwebpackのLoaderで、webpackがモジュールを読み込む時にBabelによる変換を行う機能を提供します。

--save-dev（または-D）を付けてインストール
- webpack
- babel-loader
- babel-core
- babel-preset-react

--save（または-S）を付けてインストール
- react
- react-dom

次のコマンドでインストールが完了すると、node_modules/.bin/webpackに実行ファイルのシンボリックリンクが貼られているので、インストールされたwebpackのバージョンを表示してみましょう。バージョンが表示されれば、正常にインストールされています。

```
# 作業ディレクトリの作成
$ mkdir webpack-example
$ cd webpack-example
```

```
# 空のpackage.jsonの作成
$ echo "{}" > package.json
```

```
# webpack、Babel関連パッケージのインストール
$ npm install --save-dev \
  webpack \
  babel-loader \
  babel-core \
  babel-preset-react
```

```
# react、react-domのインストール
$ npm install --save react react-dom
```

```
# バージョンの表示（執筆時のバージョンは3.3.0）
$ ./node_modules/.bin/webpack --version
3.10.0
```

次に、リスト21、22の2つのJavaScriptファイル（entry.js、Hello.js）を用意します。［Hello.js］には、<h1>タグを出力するコンポーネント（コンポーネントについては、第4章で解説）が定義してあり、entry.jsではそのコンポーネントをReactDOM.renderを使って描画しています。

**リスト3.21** entry.js

```
import React from 'react';
import ReactDOM from 'react-dom';              ❶
import Hello from './Hello';

ReactDOM.render(
  <Hello />,
  document.getElementById('root')
);
```

**リスト3.22** Hello.js

```
import React from 'react';

export default function Hello() {              ❷
  return <h1>Hello! webpack</h1>;
}
```

リスト3.21のimport ～ from '...'と❶、リスト3.22のexport default ...の部分は❷、JavaScriptの言語仕様であるECMAScriptの2015年版から標準化された文法で、それぞれモジュールの参照と定義を表しています。ECMAScriptのモジュール方式なので、**ES Modules**と呼ばれています。［Hello.js］のexport default function Helloの部分は、このファイルがHelloコンポーネントを持っていることを外のファイルに宣言しています。exportやexport defaultで宣言していない関数・変数は、外のファイルからは参照できません。import Hello from './Hello';は、相対パスになっているのでHello.jsのHelloコンポーネントを読み込んでいるのがなんとなくわかると思います。import React from 'react';とimport ReactDOM from 'react-dom';のように参照先ファイル名が相対パスでも絶対パスでもない場合、webpackはそれをnpmパッケー

ジへの参照と認識し、解決しようとします。よって、さきほどnpmでインストールしたreact、react-domからReact、ReactDOMを参照しています。

　ES Modulesは一部のブラウザでは既に実装されていますが、IEなどの古いブラウザでは文法を解釈できず実行できません。また、npmパッケージはES Modulesとは別のモジュール方式（CommonJSのモジュール方式）で記述されていますし、reactやreact-domというnpmパッケージ名から実ファイルを解決する術をブラウザは持ち合わせていません。よって、これらのコードはそのままではブラウザで実行できません。

　では、webpackを使ってブラウザで実行可能な静的なJavaScriptファイルを出力しましょう。まず、webpackの設定ファイルを記述します。下記の内容を［webpack.config.js］というファイル名で保存してください（**リスト3.23**）。webpackの設定ファイルは、JSON、XML、YAMLなど、さまざまなフォーマットで記述可能です。フォーマットの判別を設定ファイルの拡張子で行っています。.jsの場合、Node.jsのモジュールとして扱うので、module.exportsに代入しているオブジェクトがwebpackの設定として利用されます。

リスト3.23　webpack.config.js

```js
module.exports = {
  // entryフィールド
  // 実行の起点となるファイルの指定
  entry: './entry.js',                    ❶

  // outputフィールド
  // 出力に関する設定
  output: {                               ❷
    filename: 'output.js'
  },

  module: {
    rules: [
      // babel-loaderの設定
      {
        loader: 'babel-loader',
        test: /\.js$/,                    ❸
        options: {
          presets: ['react']
        }
      }
    ]
  }
};
```

entryフィールドには実行の起点となるファイルを（entry.js）を指定します❶。outputフィールドは出力に関する設定を記述します❷。今回は出力ファイル名（filenameフィールド）のみ指定していますが、出力先ディレクトリ（pathフィールド）なども指定可能です。moduleの中にあるrulesフィールドは❸、ファイルごとに適応するLoaderの設定を記述します。今回は.jsという拡張子のファイルにbabel-loaderを適応する設定を記述しています。また、optionsは、Loaderに渡す設定を記述する場所で、babel-preset-reactを変換のプリセットとして指定しています。

webpackを実行すると、[output.js]が出力されます。

```
$ ./node_modules/.bin/webpack --config webpack.config.js
```

最後に、動作を確認します。出力された[output.js]を下記のように<script>タグで読み込むだけのHTMLを記述し、ブラウザで開きます。画面に「Hello, Webpack!」と表示されるはずです（図3.3）。

リスト3.24　Output.jsを読み込む

```
<body>
  <div id="root"></div>
  <script src="output.js"></script>
</body>
```

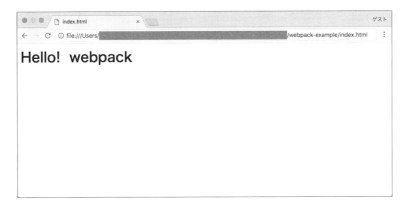

図3.3　Hello! webpack

react.min.jsやreact-dom.min.jsを読み込んでいないのに正常に動作しているのは、webpack

がentryフィールドに指定されたファイルを起点に、依存している全てのモジュールを1つのファイル（output.js）に束ねて出力しているからです。従来は開発者が作成したアプリケーションに必要なライブラリをscriptタグで追加する必要があり、ファイルの追加漏れによるバグや、逆に不要なファイルを読み込んでしまいページのロード時間が遅くなる、などの問題が発生するリスクがありました。webpackとES Modulesなどのモジュール方式を導入することで、ソースコード中に依存関係を明示できるようになり、それらのリスクを回避できます。また、webpackのLoaderを使ってJSXのトランスパイルを行うことで、ビルドプロセスをwebpackに統一することができます。

第4章

# Reactコンポーネント

第3章ではJSXを用いてHTMLの基となる
コンポーネントを作成しました。
本章ではこのReactコンポーネントについて
詳しく見ていきましょう。

## 4.1 Reactコンポーネントとは？

###  コンポーネント開発の準備

　第4章では前提として第2章でセットアップしたcreate-react-appを利用します。サンプルコードは最終的に［src/index.js］のReactDOM.render関数を用いてブラウザに出力されます。開発中はcreate-react-appにより自動生成された［src/index.js］ファイルを編集したり、［src/index.js］ファイルでインポートしている［src/App.js］を編集したりして動作を確かめていきます。もちろん、新しいファイルを作成したり、ディレクトリを分けてコードを管理しても良いでしょう。

###  Functional ComponentとClass Component

　Reactコンポーネントについては第1章で軽くふれましたが、この章ではさらに詳しい説明をしていきます。
　Reactコンポーネントには大きく分けて2つの種類があります。関数定義によって作成するFunctional Component（ファンクショナルコンポーネント）とクラス定義によって作成するClass Component（クラスコンポーネント）です。

#### Functional Component

　Functional Componentは関数定義によって定義されます。早速コードを見てみましょう（リスト4.1）。

リスト4.1　Functional Componentの例

```
const Hello = (props) => {
  return <div>こんにちは、{props.name}さん</div>;
};
```

　propsを引数に受け取り、JSXをreturnします。propsについてはデータの受け渡し（props）

の項で詳しく説明します（P.60）。明示的に記述されていませんが、スコープ内にReactが存在している必要があります。ですので、コード上では参照していませんがReactをimportします（**リスト4.2**）。

リスト4.2　Reactのimport

```
import React from 'react';

const Hello = (props) => {
  return <div>こんにちは、{props.name}さん</div>;
};
```

## Class Component

Class Componentはクラスによって定義されます（**リスト4.3**）。

リスト4.3　Class Componentの例

```
class Hello extends React.Component {
  render() {
    return <div>こんにちは、{this.props.name}さん</div>;
  }
};
```

Functional Componentとほとんど同じように見えますが、React.Componentを明示的に継承していることと、propsの受け取り方がthis.propsとなっている点に注意してください。

## Functional ComponentとClass Componentの違い

Functional ComponentとClass Componentは単に書き方が違うというだけではありません。大きな違いとしてClass Componentにはstateがあります。stateとはその名の通り、コンポーネントの状態を記録するための仕組みです。また、Class Componentにはライフサイクルメソッドという特殊なメソッドを定義することができます。stateとライフサイクルメソッドについては後ほど詳しく説明します（P.71）。

##  コンポーネントの再利用

ReactコンポーネントはHTMLとどう違うのでしょうか。1つの大きなポイントは再利用が可能であるということです。Reactコンポーネントは設計図のようなものなので、再利用することにより同じ構造のHTMLを簡単に作成することができます。早速例を見てみましょう（**リスト4.4**）。

**リスト4.4** コンポーネントの再利用

```
const Hello = () => {
  return <div>こんにちは、坂本龍馬さん</div>;
};

ReactDOM.render(
  <div>
    <Hello />
    <Hello />
    <Hello />
  </div>,
  document.getElementById('root')
);
```

Reactでは、このように自分で定義したReactコンポーネントを通常のHTMLタグのように使うことができます。結果はいかがでしょうか、「こんにちは、坂本龍馬さん」というテキストが3回表示されたと思います（**図4.1**）。

```
こんにちは、坂本龍馬さん
こんにちは、坂本龍馬さん
こんにちは、坂本龍馬さん
```

**図4.1** コンポーネントの再利用

このように、Reactコンポーネントを用いることで素直に3回<div>タグを利用して書くよりもずっと簡単に同じ構造のHTMLを記述することができました。今回のような簡単なHTMLではあまり恩恵を感じないかもしれませんが、例えば<form>タグのようなもっと複雑

なコンポーネントを何度も使いたいといった場合、格段に記述量を減らせることがイメージできると思います。

HTMLをコピー&ペーストすることに比べてミスが少なくなるということも大きなメリットです。やっぱり<div>タグじゃなくて<span>タグにしたい！といった修正も定義したHelloコンポーネントのみを修正することですべての利用箇所の構造を修正することができます。すべて手作業でHTMLを修正することに比べて作業量とミスを減らすことができそうです。

## Reactエレメント

Reactコンポーネントは設計図のようなものといいました。設計図をもとに作られた実体のことをReactエレメント（element）と呼びます。さきほどrender関数内に記述した<Hello />もエレメントです。Reactコンポーネントを一般的なクラスだとすれば、Reactエレメントはインスタンスに相当する概念といえます（リスト4.5）。

リスト4.5　コンポーネントとエレメント

```
// これはReactコンポーネント
const Hello = () => {
  return <div>こんにちは、坂本龍馬さん</div>;
};

ReactDOM.render(
  <div>
    以下の3つはどれもReactエレメント
    <Hello />
    <Hello />
    <Hello />
  </div>,
  document.getElementById('root')
);
```

Reactエレメントも通常の値と同じように変数に格納することができます。JSXでの扱い方も通常の値と全く同じです（リスト4.6）。

リスト4.6　エレメントでの変数への格納

```
const Hello = () => {
  return <div>こんにちは、坂本龍馬さん</div>;
};


// 一旦変数に格納して
const helloElement = <Hello />;

ReactDOM.render(
  <div>
    {helloElement}
  </div>,
  document.getElementById('root')
);
```

## Fragmentコンポーネント

　Reactコンポーネントは単一の親からなる要素しか表現できません。つまり、**リスト4.7**のように2つの要素が並列にあるようなコンポーネントは作成できないということです。

リスト4.7　エラーの例

```
// NG
const Hello = () => {
  return (
    <div>こんにちは</div>
    <div>坂本龍馬さん</div>
  );
};
```

　1つの親になっていれば良いので、**リスト4.8**のようには書くことができます。

リスト4.8　コンパイル可能な例

```
// OK
const Hello = () => {
  return (
    <div>
      <div>こんにちは</div>
      <div>坂本龍馬さん</div>
    </div>
```

);
};
```

しかしこれではもともと表現したかったHTML構造どおりではなく、余分なdiv要素をReactのために追加していることになってしまいます。そこで、React.Fragmentコンポーネントを利用します（**リスト4.9**）。

**リスト4.9** React.Fragmentコンポーネントの例

```
// Good
const HelloFragment = () => {
  return (
    <React.Fragment>
      <div>こんにちは</div>
      <div>坂本龍馬さん</div>
    </React.Fragment>
  );
};
```

FragmentコンポーネントはReactが提供する特殊なコンポーネントで、HTMLとしての要素を持ちません。最終的に出力されるHTMLには単に「こんにちは」「坂本龍馬さん」が並列に記述されています（**リスト4.10**）。

**リスト4.10** Fragmentコンポーネントと最終的に出力されるHTML

```
class App extends Component {
  render() {
    return (
      <div>
        <Hello />
        -------------
        <HelloFragment />
      </div>
    );
  }
}

<div>
  <div>
    <div>こんにちは</div>
    <div>坂本龍馬さん</div>
  </div>
```
```

```
  -------------
  <div>こんにちは</div>
  <div>坂本龍馬さん</div>
</div>
```

　React.Fragmentには<></>という簡略記法が用意されていますが（**リスト4.11**）、新しい記法のため2017/12の執筆時、多くのツールは対応されていません。当面は少々長いですがReact.Fragmentと書くほうが安全でしょう。

**リスト4.11　React.Fragmentの簡略記法**

```
const HelloFragment = () => {
  return (
    <>
      <div>こんにちは</div>
      <div>坂本龍馬さん</div>
    </>
  );
};
```

 ## データの受け渡し（props）

　コンポーネントの再利用をすることはできましたが、全く同じHTMLが必要な場合というのは実際にはそう多くないでしょう。坂本龍馬に3回も挨拶する場面はあまり想像できません。先ほどのコンポーネントを修正して、挨拶する相手を指定できるようにしてみましょう（**リスト4.12**）。

**リスト4.12　コードの変更**

```
const Hello = (props) => {                                    ❶
  return <div>こんにちは、{props.name}さん</div>;
};

ReactDOM.render(
  <div>
    <Hello name="坂本龍馬" />
    <Hello name="西郷隆盛" />
    <Hello name="勝海舟" />
```

```
  </div>,
  document.getElementById('root')
);
```

いかがでしょうか、3人それぞれに挨拶することができたと思います（図4.2）。

```
こんにちは、坂本龍馬さん
こんにちは、西郷隆盛さん
こんにちは、勝海舟さん
```

**図4.2** コンポーネントの再利用

コンポーネントを定義する関数の引数にpropsが渡されています❶。関数の引数にpropsという名前を付けているだけなので、この場合実際にはどんな変数名を付けても良いのですが、propsと名付けるのが一般的です。

propsとして受け取った変数はobject型です。プロパティとしてnameを持っています。これはコンポーネントを使う側で

**リスト4.13** プロパティがnameの例

```
<Hello name="坂本龍馬" />
```

のように定義したためnameプロパティを持っています（リスト4.13）。

このように、Reactコンポーネントは親コンポーネントから子コンポーネントに任意の名前で任意の値を渡すことができます。

### propsとして渡せる値

propsには文字列、数値、配列、オブジェクト、関数など任意の値を渡すことができます。また、変数のまま渡すこともできます。原則として{}で囲うことで値を渡します。例外的に文字列だけクオートを使うことができます。

#### 文字列

文字列の場合、例外的にダブルクオート（"）、あるいはシングルクオート（'）を用いて文字

列を渡すことができます。バッククオート（`）を使うことはできません（**リスト4.14**）。

**リスト4.14　文字列の例**

```
<SomeComponent stringValue="坂本龍馬" />

// 原則に則り{}で囲うこともできます。
<SomeComponent stringValue={"坂本龍馬"} />
```

また、クオートで囲った場合、数値も文字列として渡されることに注意しましょう。

### 数値、真偽値

文字列以外を渡す場合{}で囲います（**リスト4.15**）。

**リスト4.15　文字列以外の例**

```
<SomeComponent numberValue={42} />
<SomeComponent boolValue={true} />
```

### 配列、オブジェクト、関数

配列、オブジェクト、関数も数値と同様に{}で囲います。少し見た目が複雑になりますが{}で囲うというルールさえ押さえておけば混乱することはないでしょう（**リスト4.16**）。

**リスト4.16　配列、オブジェクト、関数の例**

```
<SomeComponent arrayValue={['坂本龍馬', '西郷隆盛', '勝海舟']} />
<SomeComponent objectValue={{name: '坂本龍馬', birthDay: '1836/01/03'}} />
<SomeComponent functionValue={(name) => console.log(name)} />
```

### 変数

決まった値のみではなく、定義された変数も渡すことができます。この場合も単に{}で囲うだけです（**リスト4.17**）。

**リスト4.17　変数の例**

```
const name = '坂本龍馬';

<SomeComponent value={name} />
```

### children

特別なpropsとしてchildrenというものがあります。Reactコンポーネントの子要素がchildrenとして渡されてきます（**リスト4.18**）。

リスト4.18　文字列をprops.childrenとして渡す

```
const Hello = (props) => {
  return (
    <div>こんにちは、{props.children}さん</div>
  );
};

ReactDOM.render(
  <div>
    <Hello>
      坂本龍馬
    </Hello>
  </div>,
  document.getElementById('root')
);
```

リスト4.18の例ではHelloで囲まれた坂本龍馬という文字列がprops.childrenとして渡されています。文字列だけではなく、複雑な子要素やReactエレメントも受け渡すことができます（**リスト4.19**）。

リスト4.19　複雑な子要素やReactエレメントを受け渡す

```
const Hello = (props) => {
  return (
    <div>こんにちは、{props.children}さん</div>
  );
};

const Greeting = (props) => {
  return (
    <div>
      <div>ご挨拶</div>
      {props.children}
    </div>
  );
};
```

```
ReactDOM.render(
  <Greeting>
    <Hello>坂本龍馬</Hello>
    <Hello>西郷隆盛</Hello>
  </Greeting>
  document.getElementById('root')
);
```

　Greetingのprops.childrenには2つのHelloエレメントが渡されます。最終的に表示されるHTMLは**リスト4.20**のようになるでしょう。

**リスト4.20**　表示されるHTML

```
<div>
  <div>ご挨拶</div>
  <div>こんにちは、坂本龍馬さん</div>
  <div>こんにちは、西郷隆盛さん</div>
</div>
```

```
ご挨拶
こんにちは、坂本龍馬さん
こんにちは、西郷隆盛さん
```

図4.3　表示されるHTML

### 複数の値を渡す

　コンポーネントに対し複数の値を渡す場合、単に列挙するのみで実現できます。通常のHTMLで属性を列挙するように記述します（**リスト4.21**）。

リスト4.21　複数の値を渡す例

```
const Profile = (props) => {
  return (
    <ul>
      <li>名前：{props.name}</li>
      <li>誕生日：{props.birthDay}</li>
    </ul>
  )
};

ReactDOM.render(
  <Profile name='坂本龍馬' birthDay='1836/01/03' />,
  document.getElementById('root')
);
```

- 名前: 坂本龍馬
- 誕生日: 1836/01/03

図4.4　複数の値を渡す例

　オブジェクトに入っている値を展開して渡すこともできます。リスト4.22のサンプルコードのようにオブジェクトの前に...を付けることでオブジェクトの中身を展開して渡します❶。また、通常の名前付きの渡し方と併用することもできます。

リスト4.22　オブジェクトの中身を展開して渡す

```
const Profile = (props) => {
  return (
    <ul>
      <li>名前：{props.name}</li>
      <li>誕生日：{props.birthDay}</li>
    </ul>
  )
};
```

```
const profile = {
  name: '坂本龍馬',
  birthDay: '1836/01/03',
};

ReactDOM.render(
  <Profile {...profile} />,　———————————————————————————①
  document.getElementById('root')
);
```

## propsのチェック（propTypes）

　Reactにはpropsの型をチェックする機能があります。アプリケーションの規模が大きくなってくると、どのコンポーネントにどのようなpropsを渡せば良いかを管理するのは大変になってきます。そこで、コンポーネントがどういうpropsを受け取るのかを記述しておくことでコンポーネントのインターフェイスに合わない値が渡されたときにエディタや実行時に警告を受け取ることができます。

　型チェックの機能は別パッケージとして切り出されて提供されています。まずは次のコマンドを入力し、インストールしましょう。

```
$ npm install --save prop-types
```

　ReactコンポーネントのpropTypesというプロパティに型情報を記述していきます（**リスト4.23**、①）。Class Component、Functional Componentどちらでも記述できます。関数の形をしているFunctional Componentにプロパティを与えるのは違和感があるかもしれませんが、JavaScriptでは関数もオブジェクトの一種なので文法上なんの問題もありません。

リスト4.23　プロパティに型情報を記述する

```
import PropTypes from 'prop-types';

const Hello = (props) => {
  return <div>こんにちは、{props.name}さん</div>;
};

Hello.propTypes = {　————————————————————————————
  name: PropTypes.string                         ①
};　——————————————————————————————————————————
```

PropTypesにはさまざまな種類があります。

### 基本のpropTypes

JavaScriptの基本型に対応するPropTypesが用意されています（**リスト4.24**）。記述方法についてPropTypesとpropTypes（はじめのPが大文字か小文字か）は別物であることに注意します。PropTypesはインポートしたprop-typesモジュールが持つオブジェクトで型情報を持っています。

一方でpropTypesは自作したReactコンポーネントが持つプロパティ名です。ここに各propsの型情報を記述していきます。

**リスト4.24** JavaScriptの基本型に対応するPropTypes

```
import React from 'react';
import PropTypes from 'prop-types';

class SomeComponent extends React.Component {
  ...
}

SomeComponent.propTypes = {
  someString: PropTypes.string,  // 文字列
  someNumber: PropTypes.number,  // 数値
  someBool:   PropTypes.bool,    // 真偽値
  someArray:  PropTypes.array,   // 配列
  someObject: PropTypes.object,  // オブジェクト
  someFunc:   PropTypes.func,    // 関数
  someSymbol: PropTypes.symbol,  // シンボル
};
```

### 配列やオブジェクトのpropTypes

配列やオブジェクトは、なんの配列なのか、どんな要素が入ったオブジェクトなのかを記述することができます（**リスト4.25**）。PropTypesには単純な型情報だけでなく、型情報を作成するための関数も用意されています。例えば、PropTypes.arrayOf(PropTypes.number)といった書き方をすれば数値による配列を表現することができます。

リスト4.25 どんな要素が入ったオブジェクトなのかを記述する

```
SomeComponent.propTypes = {
  // 配列の中身を指定
  someArray: PropTypes.arrayOf(PropTypes.number),

  // オブジェクトの中身を指定
  someObject: PropTypes.objectOf(PropTypes.number),

  // オブジェクトについては個別のプロパティについて指定することもできます。
  // complexObjectは文字列のnameと数値のageをもつオブジェクトであると定義しています。
  complexObject: PropTypes.shape({
    name: PropTypes.string,
    age: PropTypes.number
  }),
};
```

### JSX独自のpropTypes

　Reactコンポーネントは最終的にHTMLを表現したいので、JSXなどの表示要素をプロパティとして受け渡すケースもあります。そういうときのためにJavaScriptの型とは別に、elementやnodeいった便利なエイリアスが用意されています。また、特定のReactエレメントであることを指定するinstanceOfというものもあります（**リスト4.26**）。childrenが渡ってくるコンポーネントはpropTypesでnodeを指定すると丁度良いでしょう。

リスト4.26 表示要素をプロパティとして受け渡す例

```
SomeComponent.propTypes = {
  // Reactエレメントであることを指定します。
  someElement: PropTypes.element,

  // コンポーネントの子要素となりうるものを受け入れます。
  // 具体的には、string, number, element, arrayならOKとします。
  someNode: PropTypes.node,

  // Helloコンポーネントのインスタンスを指定します。
  helloElement: PropTypes.instanceOf(Hello),
};
```

### oneOf, oneOfType, any

oneOfを用いることでpropsの型ではなく値を制限することができます（**リスト4.27**）。oneOfTypeを用いることでいくつかの型の中のいずれかであればOKという書き方ができます。anyはどんな型でも値でも良いというpropTypeです。anyを使ってはpropTypeを指定する意味がなくなってしまうので、できれば利用しないほうが良いでしょう。

リスト4.27　値を制限する例

```
SomeComponent.propTypes = {
  // 配列で指定した値のいずれかであることを指定します。
  dayOfTheWeek: PropTypes.oneOf(['月', '火', '水', '木', '金', '土', '日']),

  // 配列で指定した型のいずれかであることを指定します。
  // 基本の型だけでなくinstanceOfのような指定を含めることもできます。
  union: PropTypes.oneOfType([
    PropTypes.string,
    PropTypes.number,
    PropTypes.instanceOf(Hello),
  ]),

  // 'なんでもいい'を指定することができます。
  any: PropTypes.any,
};
```

### isRequired

これまでの型指定は「propsとして渡されるならこういう型がいい」という指定でした。isRequiredを利用することで「必ずこの型でpropsを渡しなさい」という指定をすることができます。使い方は簡単で、それぞれの型指定のあとに.isRequiredと追加するだけです（**リスト4.28**）。

リスト4.28　型の指定

```
SomeComponent.propTypes = {
  // 必ず文字列を渡すことを求められます。
  requiredString: PropTypes.string.isRequired,

  // どんな型でも良いので何かしらのpropsが渡されることが求められます。
  requiredAny: PropTypes.any.isRequired,
};
```

### defaultProps

Reactコンポーネントは親コンポーネントからpropsを受け取りますが、もしなにも受け取れなかった場合のためにdefaultPropsを指定することができます。「受け取れなかった場合」とは、propsの値がundefinedだったときのことです。ですので、文字列や数値などだけでなく明示的にnullを渡した場合はdefaultPropsではなくnullがpropsに入った状態になります。

記法としてはコンポーネントのdefaultPropsプロパティに記述していきます（**リスト4.29**）。

**リスト4.29** defaultPropsの指定

```
const Hello = (props) => {
  return <div>こんにちは、{props.name}さん</div>;
};
Hello.defaultProps = {
  name: '坂本龍馬'
};
```

## 4.2 stateとイベントハンドリング

　実用的なアプリケーションを作成するために「何が入力されているか」、「何を表示するべきか」といった状態を管理する必要があります。Reactでは状態を管理するためにstateという仕組みが用意されています。

　stateの変更は通常ユーザによるクリックやキーボード操作によって行われます。これをコントロールするために、Reactでどのようにイベントを扱うかについても解説していきます。

　ここでは簡単なTodoアプリを作成しながらstateとイベントハンドリングについて理解していきましょう（図4.5）。作成する機能は次の2つのみとします。

- Todoの追加
- Todoの削除

図4.5　作成するToDoアプリケーション

 コンポーネントの準備

　stateの操作をする前に、まずはTodoアプリに必要なコンポーネントを用意していきます。必要なコンポーネントは次の4つです。

- アプリ全体を表すAppコンポーネント
- 入力フォームを表すTodoInputコンポーネント
- 一つひとつのTodoを表すTodoItemコンポーネント
- Todoの一覧を表すTodoListコンポーネント

**Appコンポーネント**

　AppコンポーネントはTodoアプリを構成する各コンポーネントをまとめあげる役割を持ちます。ですので、Appコンポーネント自体には表示上の要件はほとんどありません。どんなTodoが登録されているかなどはアプリケーション全体に関わるので、データの管理はこのAppコンポーネントで行うことにしましょう。

　どんなTodoがあるかをTodoListに対してpropsとして渡します（**リスト4.30**）。

リスト4.30　Appコンポーネント（App.js）

```js
import React, { Component } from 'react';
import TodoInput from './TodoInput';
import TodoList from './TodoList';

class App extends Component {
  render() {
    // TODO: 後々stateで管理します
    const tasks = [
      { title: 'Todo1つ目', id: 0 },
      { title: 'Todo2つ目', id: 1 },
    ];

    return (
      <div>
        <h1>TODO App</h1>
        <TodoInput />
        <TodoList tasks={tasks} />
      </div>
    );
  }
}
export default App;
```

## 4.2 stateとイベントハンドリング

### TodoInputコンポーネント

Todoを入力するためのシンプルなコンポーネントを作成します。必要な要素は入力フォームと登録ボタンだけで十分でしょう（**リスト4.31**）。

リスト4.31　TodoInputコンポーネント（TodoInput.js）

```
import React, { Component } from 'react';

class TodoInput extends Component {
  render() {
    return (
      <div>
        <input placeholder="新規TODOを入力してください" />
        <button>登録</button>
      </div>
    );
  }
}
export default TodoInput;
```

### TodoListコンポーネント

propsとして受け取ったtodoListをもとに一つひとつのTodoItemを表示します（**リスト4.32**）。todoListは配列の形で渡されるので、mapでエレメントの形にしています。配列のmapメソッドは配列の各要素について、引数に与えられた関数の処理に従って計算し、新たな配列を返すメソッドです。Reactではデータをコンポーネントにする際に非常によく使われます。

リスト4.32　TodoListコンポーネント（TodoList.js）

```
import React, { Component } from 'react';
import TodoItem from './TodoItem';

class TodoList extends Component {
  render() {
    // tasks内の各todoをTodoItemコンポーネントを用いてエレメントにしています。
    // list変数にはTodoItemエレメントの配列が入っています。
    const list = this.props.tasks.map(todo => {
      return <TodoItem {...todo} key={todo.id} />;
    });
```

```
      return (
        <div>
          <ul>
            {list}
          </ul>
        </div>
      );
    }
  }
  export default TodoList;
```

### TodoItemコンポーネント

　一つひとつのTodoを表すコンポーネントです。タイトルと削除ボタンを持つだけの簡単なコンポーネントです（**リスト4.33**）。

**リスト4.33**　TodoItemコンポーネント（TodoItem.js）

```
import React from 'react';

function TodoItem(props) {
  return (
    <li>
      {props.title}
    </li>
  );
}

export default TodoItem;
```

### stateの初期値

　Appコンポーネントではtasksを単に変数として定義していましたが、これをstateで管理していきます（**リスト4.34**）。まずは初期値を設定しましょう。初期値はconstructorで設定します。

## 4.2 stateとイベントハンドリング

リスト4.34　stateの初期値を設定

```
constructor(props) {
  super(props);
  this.state = {
    tasks: [
      { title: 'Todo1つ目', id: 0, },
      { title: 'Todo2つ目', id: 1, },
    ],
    uniqueId: 1,
  };
}
```

　this.stateというプロパティにtasksとuniqueIdという2つの値を含んだオブジェクトを設定しました。このstateという名前はなんでもいいわけではありません。stateという名前であることに意味があります。また、これからユーザの入力などでstateの値を変化させていきますが、その場合は**リスト4.32**のように直接stateプロパティを変更することはしないので注意してください。this.stateに直接値を入れる操作はconstructorで初期値を設定する時だけの特別な書き方です。実際には、this.stateを直接変更する形でstateを変化させることができないわけではありません。しかし、この方法ではReactコンポーネントに対してstateに変化があったことを通知することができません。stateを変化させたら通常は表示も変化させたいはずですが、なんの通知もなくstateを変化させてしまうとReactコンポーネントはいつ再レンダリングさせればいいかがわかりません。適切に再レンダリングをさせるために直接stateを変化させることはしないようにしましょう。

　あわせてtodoListに渡す部分も修正します。単に変数を渡していた部分を修正し、this.state.tasksを渡すように書き直します。this.stateを用いて値を再設定することはしませんが、参照することはOKです。

　書き換えたApp.jsを見てみましょう（**リスト4.35**）。

リスト4.35　書き換えたApp.js

```
import React, { Component } from 'react';
import TodoInput from './TodoInput';
import TodoList from './TodoList';

class App extends Component {
```

```
  constructor(props) {
    super(props);
    this.state = {
      tasks: [
        {
          title: 'デフォルトTODO',
          id: 0,
        },
      ],
      uniqueId: 1,
    };
  }
  render() {
    return (
      <div className="App">
        <h1>TODO App</h1>
        <TodoInput />
        <TodoList tasks={this.state.tasks} />
      </div>
    );
  }
}
export default App;
```

## stateの変更（setState）

　初期値を設定したら、次はユーザの入力により新規TODOを追加できるように修正していきます。新規TODOを追加するためのaddTodoメソッドを作成します（**リスト4.36**）。tasksはTodoアプリに紐づく情報なので、addTodoメソッドはTodoInputでもTodoListでもなくAppコンポーネントで作成します。

**リスト4.36**　stateの変更（App.js）

```
constructor(props) {
  ...(中略)
}

addTodo(title) {                    ──┐
  const {
    tasks,                              追加
    uniqueId,
```

```
    } = this.state;

    tasks.push({
      title,
      id: uniqueId,
    });

    this.setState({
      tasks,
      uniqueId: uniqueId + 1,
    });
  }

  render() {
    ...(中略)
  }
```

　引数にTodoのtitleを受け取るappTodoは、stateに記録されたtasksに新規Todoをpushし、setStateメソッドを用いてstateに保存しています。同時にTodoのユニークなIDもインクリメントしてstateに保存しています。このようにstateを変化させる時はsetStateメソッドを利用します。setStateは今あるstateを置き換えるものではなく、変更があったstateのみ上書きするメソッドです。具体的にいえば、もし仮にuniqueIdをsetStateに渡さなかった場合でも、uniqueIdというプロパティが消滅するわけではなく変わらず値を保持し続けます。

**Tips**

### なぜ直接値を変更するのではなく、setStateメソッドを利用するのか？

　配列のpushメソッドはもともとの変数に値を追加するメソッドなので、実際にはpushした時点でstateの状態は変化しています。ですが、同じ配列に値を追加しているだけなので、配列自体は変化していません。配列を箱に例えるなら、箱の中身が増えたところで箱自体は変化していないということです。変更があったことを通知するために直接stateを操作できてしまう場面でもsetStateメソッドを利用します。

　さらに付け加えると、直接stateを操作してしまうメソッドは便利ではありますが副作用をもたらしてしまうためあまり好ましくありません。配列のpushやunshiftなどはもともとの配列を操作するメソッドです。このような小さなサンプルでは問題になることはありませんが、大きなアプリケーションでは配列やオブジェクトを非明示的に変更する操作は発見しづらいバグにつながります。配列の場合はpushの代わりに

concatメソッドやSpread Operatorを利用して、要素を追加した配列を新しく作り直すと良いでしょう。

```
const task = {
  title,
  id: uniqueId,
};

// concatの例
const newTasks = tasks.concat(task)
this.setState({
  tasks: newTasks,
});

// Spread Operatorの例
const newTasks = [...tasks, task];
this.setState({
  tasks: newTasks,
});
```

　作成したaddTodoメソッドをTodoInputコンポーネントで使うために渡します。通常のpropsと同じように、関数もpropsとして渡すことができます（**リスト4.37**）。

**リスト4.37**　addTodoメソッドをTodoInputコンポーネントへ渡す（App.js）

```
render() {
  return (
    <div className="App">
      <h1>TODO App</h1>
      <TodoInput addTodo={this.addTodo} />
      <TodoList tasks={this.state.tasks} />
    </div>
  );
}
```

　最後に、addTodoメソッドで適切にstateを変更するためのコードを追加します（**リスト4.38**）。

## 4.2 stateとイベントハンドリング

リスト4.38　適切にstateを変更するためのコード（App.js）

```
constructor(props) {
  ...(中略)

  this.addTodo = this.addTodo.bind(this);  ──────────────────❶
}
```

bindという見慣れないメソッドが登場しました（❶）。これはすべてのFunctionオブジェクトが持っているメソッドです。一見おまじないのようにも見えるこの1行は、addTodoメソッドでAppコンポーネントのstateを変更するために必要となります。JavaScriptでは関数を変数として受け渡すことができますが、この時通常はコンテキストまでは受け渡されません。ここでいうコンテキストとは「thisが何を指すのか」ということです。addTodoメソッドの定義時にthisはAppコンポーネント（より正確にはAppインスタンス）のつもりで書いていますが、実際にこのメソッドを実行するのはAppコンポーネントではなく、別のコンポーネントやDOMです。それらのコンテキストであるthisにはstateもtodoListもありませんのでエラーが発生してしまいます。bindメソッドはその関数の中で利用するthisを強制する（バインドする）メソッドです。この1行を書くことによって、addTodoメソッドは常にAppコンポーネントのstateを参照することができるようになります。

### その他のメソッドのバインドの仕方

もしbindを使うことが気持ち悪く感じるようでしたら他の方法でstateを操作することもできます。

#### 1. アロー関数を使う

定義したメソッドをそのままpropsとして渡すのではなく、アロー関数でメソッドを使う関数を定義して渡す、という方法でも意図した通りにstateを操作することができます（**リスト4.39**）。

リスト4.39　アロー関数でメソッドを使う関数を定義して渡す例

```
<TodoInput addTodo={(title) => {this.addTodo(title)}} />
```

この方法ではconstructorにおまじないのようなコードを書かなくていいというメリットがあります。一方で、同じメソッドを複数のコンポーネントに渡したい場合、毎回アロー関数を書かないといけないというデメリットがあります。この方法ではコンポーネントを使うたびに

新しいアロー関数を作成することになります。この点でパフォーマンスはほんの少し不利になります。さらに、新しい関数を渡していることになるので子コンポーネントの再レンダリングが行われる可能性があります。以上のデメリットがあるので、この方法は手段の1つとして覚えておくとして、普段はconstructorでbindする方法で実装すると良いでしょう。

### 2. property initializer syntaxを使う

property initializer syntaxを利用することで最初からbindされたメソッドを作ることができます（リスト4.40）。

リスト4.40　property initializer syntaxを使う例

```
// addTodo(title) {
addTodo = (title) => {
```

上記のシンタックスでconstructorにてbindすることと全く同じ効果を得られることができます。アロー関数のようなパフォーマンスの懸念もありません。この記法で気をつけなければならないのは、このシンタックスがまだECMAScriptの公式なシンタックスとして採用されていないということです。ほとんど確実に正式なECMAScriptのシンタックスとして採用されると思われますが、執筆時点ではstage3と呼ばれる正式採用一歩手前となっています。

このシンタックスを有効にさせるために、babelにプラグインを追加する必要があります。

● **Class properties transform・Babel**
　URL　https://babeljs.io/docs/plugins/transform-class-properties/

create-react-appを利用している場合ははじめからプラグインが追加された状態なので、追加の設定をすることなく利用可能です。

## イベントハンドリング

Appコンポーネントで作成したaddTodoメソッドをTodoInputコンポーネントで使ってみましょう。とはいえまだユーザの入力を扱う部分を作成していません。一旦は固定の文字列を新規Todoとして追加させていきます。TodoInputコンポーネントにはpropsとしてaddTodoメソッドが渡されていました。ユーザが登録ボタンをクリックするたびにaddTodoメソッドを呼ぶhandleClickメソッドを新たに追加します（リスト4.41、❶）。addTodoメソッドを作成した時と同じようにconstructorでhandleClickをthisにバインドすることを忘れずに行います。

## 4.2 stateとイベントハンドリング

リスト4.41　addTodoメソッドを呼ぶhandleClickメソッドを追加（TodoInput.js）

```
constructor(props) {
  super(props);
  this.handleClick = this.handleClick.bind(this);
}
handleClick() {
  this.props.addTodo('新規Todo');
}
render() {
  return (
    <div>
      <input placeholder="新規TODOを入力してください" />
      <button onClick={this.handleClick} >登録</button>
    </div>
  );
}
```

❶

Reactでは要素のonClickなどの属性に関数を渡すことでイベントハンドリングを行います。

### イベントの引数

onClickなどのイベントに登録された関数は引数としてEventオブジェクトを受け取っています。このイベントオブジェクトは各種のブラウザでも同様に動くようにブラウザ本来のイベントオブジェクトをラップしたものです。ブラウザ本来のイベントと同じように扱えます。

少し無理のある例ですが、<a>タグに独自のイベントを追加したいとします（**リスト4.42**）。そのままでは<a>タグ自身の機能であるページ遷移が行われてしまいます。これを止めたい時、引数として受け取っているEventオブジェクトが役に立ちます。

リスト4.42　イベントの引数の例

```
handleClick(e) {
  e.preventDefault(); // preventDefaultによりaタグのデフォルト機能であるページ遷移を止
めています。
  this.props.addTodo('新規Todo');
}
render() {
  return (
    <div>
      <input placeholder="新規TODOを入力してください" />
      <a href="/register" onClick={this.handleClick} >登録</a>
    </div>
```

```
    );
  }
```

## formの操作

Reactではフォームに入力された値もstateとして扱います。

ユーザの入力をフックとしてstateを変更するコードを書いていきます。まずはじめにフォームの初期値をconstructorでstateとして与えます。フォームの入力値はこのコンポーネントのみで利用するので、親コンポーネントであるAppコンポーネントで定義する必要はありません。

続けて、stateとして保持している値をinput要素のvalueに設定します（**リスト4.43**）。最後にhandleChangeメソッドを記述します。handleChangeメソッドではユーザの入力ごとに実行され、その都度入力されている値をstateにセットします。

**リスト4.43** ユーザの入力でstateを変更するコード（TodoInput.js）

```
constructor(props) {
  super(props);
  this.state = {
    inputValue: '',
  };
  this.handleChange = this.handleChange.bind(this);
  this.handleClick = this.handleClick.bind(this);
}
handleChange(e) {
  this.setState({
    inputValue: e.target.value,
  });
}
handleClick() {...}
render() {
  return (
    <div className="TodoInput">
      <input placeholder="新規TODOを入力してください" value={this.state.inputValue} onChange={this.handleChange} />
      <button onClick={this.handleClick} >登録</button>
    </div>
  );
}
```

以上でユーザの入力をstateとして扱うことができました。登録ボタンをクリックした際にstateの値を登録できるように、handleClickメソッドを修正します（**リスト4.44**）。

**リスト4.44** handleClickメソッドの修正（TodoInput.js）

```
handleClick() {
  const inputValue = this.state.inputValue;
  this.props.addTodo(inputValue);
}
```

実際に実行画面を操作してみてください。フォームへ入力した文字列をTodoに登録できていることが確認できるでしょう。

formの状態をstateで管理することで、表示する見た目と内部のデータを一致して管理することができます。ユーザの入力以外の方法でstateが変化したとしてもReactが自動的にUIも更新するので、フォームの値とデータの値がずれにくくなります。

##  Stateのまとめ

Reactのstateのまとめを兼ねて、Todoをすべて消すリセット機能を追加します（**リスト4.45**）。変更を加えるのはApp.jsのみです。

**リスト4.45** Todoをすべて消すリセット機能を追加（App.js）

```
class App extends Component {
  constructor(props) {
    ...(中略)
    this.resetTodo = this.resetTodo.bind(this);
  }

  resetTodo() {
    this.setState({
      tasks: [],
    });
  }

  render() {
    return (
      <div className="App">
        <h1>TODO App</h1>
        <button onClick={this.resetTodo}>リセット</button> {/* renderメソッドでは⮕
```

```
この行だけ追加 */}
        <TodoInput addTodo={this.addTodo} />
        <TodoList tasks={this.state.tasks} />
      </div>
    );
  }
}

export default App;
```

図4.6 完成したToDoアプリケーション

　たったこれだけの修正ですべてのtodoを削除することができます。アプリケーションの状態(state)を変更するだけで、個々のTodo要素には一切の変更なく表示もリセットできることがわかります。propsやstateというデータに対応するUIを予め宣言しておくと、状態を管理するだけでUIも同様に管理することができています。これこそがReactの真価であり、複雑なアプリケーションでReactが選ばれる理由です。

　Reactコンポーネントの作成手順をまとめます。

1. UIをコンポーネントに分割する
2. propsやstateによってどのようにUIが変化するかを定義する(JSXの作成)
3. ユーザー操作によってどのようにstateが変化するかを定義する(メソッドの作成)
4. UIとメソッドを紐づける(onClickなどを設定)

　コンポーネントごとの責務を明らかにすることで、より大きく複雑なアプリケーションでも混乱せずに開発をすすめることができるでしょう。

## 4.3 ライフサイクル

　Reactコンポーネントにはライフサイクルメソッドと呼ばれる関数が用意されています。Reactコンポーネントの状態（この場合の状態はstateのことではありません）によって対応するライフサイクルメソッドが呼ばれます。ライフサイクルメソッドには大きく分けて3種類あります。

- コンポーネントのマウントに対応して呼ばれるメソッド
- コンポーネントで扱うデータの変化に対応して呼ばれるメソッド
- エラーハンドリングに用いるメソッド

　どのライフサイクルメソッドも、必ず使わなければならないというものではありませんが、複雑なアプリケーションを作る際には必要になるでしょう。

 ### マウントに関するライフサイクルメソッド

　ここで紹介するライフサイクルメソッドはコンポーネントの**マウント**に関連して呼ばれるメソッドです。マウントとは、新たにReactコンポーネントが配置されることをいいます。コンポーネントのrenderメソッドが初めて呼ばれた時「コンポーネントがマウントされた」状態になります。2回目以降のrenderメソッドが呼ばれた時は「コンポーネントがアップデートされた」と表現します。また、コンポーネントがDOM上からなくなった時、「コンポーネントがアンマウントされた」状態となります。

　Todoリストで例えると、最初に表示される時にTodoリストとTodoアイテム一つひとつがそれぞれマウントされます。新たなTodoを追加した時、新たなTodoに対応するTodoアイテムが1つ新しくマウントされます。いずれかのTodoが削除された時、対応するTodoアイテムがアンマウントされます。

#### componentWillMount

　componentWillMountはコンポーネントがマウントされる直前に呼ばれます。コンポーネン

トを描画する render メソッドよりも先に呼ばれます。render メソッドより先に呼ばれる関数
としてコンストラクターがありますので、コンポーネントのマウント前に行いたい処理は通常
はコンストラクターで実行すれば十分です。

### componentDidMount

　componentDidMount はコンポーネントがマウントされた直後に呼ばれます。すでにマウン
トされた後なので、DOM エレメントに直接アクセスすることができます。すでに実際の
DOM がブラウザにレンダリングされた後なので、その DOM に対してイベントリスナーを登
録したい場合やサブスクライブなど実際の DOM 要素が必要な処理を行いたい場合は
componentDidMount が一番良いタイミングでしょう。

　注意点として、このライフサイクルで setState は行わないようにしましょう。state が変更さ
れると render メソッドが実行されます。render → componentDidMount → setState → render
という順に処理され、render メソッドが 2 回実行されてしまいます。特別な理由がない限り、
componentDidMount で setState を行うことはないでしょう。

### componentWillUnmount

　componentWillUnmount はコンポーネントがアンマウントされる直前に呼ばれます。このラ
イフサイクルでは各種コンポーネントに紐付いた処理の掃除をすると良いでしょう。具体的
には、処理のどこかで setInterval 関数を利用していたら clearInterval を実行したり、API へリ
クエストしていた場合はそれをキャンセルしたり、componentDidMount でイベントリスナー
やサブスクライブを行っていたらそれを解除したりするなどです。

##  データのアップデートに関するライフサイクルメソッド

　これから紹介するライフサイクルメソッドは、コンポーネントの**アップデート**に関連して呼
ばれるメソッドです。アップデートはコンポーネントの props か state が変更された際に行わ
れます。初回のレンダリングはマウントとして扱われるため、ここで紹介するライフサイクル
メソッドはマウント時には呼ばれることはありません。

### componentWillReceiveProps

　componentWillReceiveProps は引数に受け取る予定の props をとります。

リスト 4.46　componentWillReceiveProps()

```
componentWillReceiveProps(nextProps)
```

　このライフサイクルではまだ新たなpropsを受け取っていないので、this.propsには以前に受け取ったpropsが入っています。引数として受け取ったnextPropsとthis.propsを比較して処理を行うことができます。このライフサイクルでsetStateをすることもできます。propsの比較結果をstateとして扱いたい場合はこのライフサイクルで処理するのが最適でしょう。

　このライフサイクルは、その名の通りpropsを受け取る直前に呼ばれます。ですので、stateの変更では呼ばれることはありません。また、コンポーネントのマウント時も呼ばれることはありません。propsがアップデートされようとしている時のみ実行されます。propsを受け取った時に実行されますので、たとえthis.propsとnextPropsが全く同じでもcomponentWillReceivePropsは実行されることに注意しましょう。

### shouldComponentUpdate

　shouldComponentUpdateは引数に次のpropsとstateをとります。その他のライフサイクルと違い、返り値としてtrue/falseの真偽値を返す必要があります。このライフサイクルメソッド内でもthis.propsとthis.stateには変更前の値が入っています（**リスト4.47**）。

リスト 4.47　shouldComponentUpdate

```
shouldComponentUpdate(nextProps, nextState)
```

　このライフサイクルメソッドはpropsやstateに変更があった際に呼ばれ、renderを行うべきかどうかを真偽値で返します。renderを行う場合はtrueを、行わない場合はfalseを返すようにします。shouldComponentUpdateを書かなかった場合、どのような変更でもrenderを行います。常にtrueを返すことと同じです。

　shouldComponentUpdateは主にパフォーマンスチューニングをする際に利用します。renderは実際にDOMを描画するメソッドですので比較的処理に時間がかかりがちです。表示に使っていないpropsなどを受け取った際や、そもそもpropsもしくはstateに変更がなかった場合にいちいちrenderするのは無駄ですので、このライフサイクルメソッドを利用して不要なrenderを行わないようにします。変更が頻繁にあり、表示に使っていないようなpropsやstateの変更が見つかった時にこのライフサイクルメソッドを利用するといいでしょう。

　変更がないpropsやstateを受け取った際に再描画させないようにするためのもう1つの方法として、React.Componentを継承する代わりにReact.PureComponentを継承するという方

法もあります。これを用いるとReactが自動的に浅い比較（オブジェクトや配列の中身までは確認しない比較）を行ってくれます。通常はこちらを使うほうが便利でしょう。

なにか特別な比較を行い、renderの有無を決定したい時のみshouldComponentUpdateを利用することをおすすめします。

### componentWillUpdate

componentWillUpdateも引数に次のpropsとstateを受け取ります。このライフサイクルメソッド内でもthis.propsとthis.stateには変更前の値が入っています（リスト4.48）。

リスト4.48　componentWillUpdate

```
componentWillUpdate(nextProps, nextState)
```

componentWillUpdateがrender前に呼ばれる最後のライフサイクルメソッドです。ここではsetStateなど、コンポーネントの再レンダリングを促すような処理はするべきでは**ありません**。componentWillUpdateの処理が終わったらrenderが行われますが、ここでsetStateなどを行うとその変更に対してcomponentWillUpdate、renderを実行しようとしてしまいます。処理がループしてしまう可能性があるということです。

propsの値を用いてstateを変更したい場合はcomponentWillReceivePropsを利用するようにしましょう。

shouldComponentUpdateでfalseを返した場合、componentWillUpdateは呼ばれません。

### componentDidUpdate

componentDidUpdateは引数に前のpropsとstateを受け取ります。これまでのライフサイクルメソッドと違い、前のprops、stateであることに注意してください。this.props、this.stateには変更された後の、つまりrenderに利用した値が入っています（リスト4.49）。

リスト4.49　componentDidUpdate

```
componentDidUpdate(prevProps, prevState)
```

呼び出されるタイミングはrenderした直後です。ですのでアップデート後のDOMにアクセスするタイミングとして最適です。また、変更が完了したことをAPIなどに通知することにも利用できるでしょう。

shouldComponentUpdateでfalseを返した場合、componentDidUpdateは呼ばれません。

## エラーハンドリングに関するライフサイクルメソッド

ここで紹介するライフサイクルメソッドは今までのライフサイクルメソッドとは違い、エラーが起きた時のみ呼ばれます。Reactのv16から実装された新しいライフサイクルです。

### componentDidCatch

子コンポーネントでエラーが起こった時に呼ばれるライフサイクルメソッドです（リスト4.50）。

リスト4.50　componentDidCatch

```
componentDidCatch(error, info)
```

引数にスタックトレースが入ったerrorとその他の情報が入ったinfoをとります。infoはオブジェクトで、現時点ではcomponentStackプロパティしかありません。componentStackにはどのコンポーネントでエラーが発生したかが入っています。どちらもどこでエラーが発生したかを知る手がかりとなるため、実際にユーザの環境で発生した未知のエラーを発見するためにログとして送信するようにしておくと便利でしょう（リスト4.51）。

リスト4.51　どこでエラーが発生したかを知る

```
// info.componentStackの一例
// TodoListコンポーネント中のTodoItemでエラーが発生したことがわかります

in TodoItem (at TodoList.js:8)
in ul (at TodoList.js:12)
in div (at TodoList.js:11)
in TodoList (at App.js:54)
in div (at App.js:50)
in App (at index.js:7)
```

また、componentDidCatchライフサイクル内ではsetStateなど処理を行うこともできます。エラーの有無を管理するstateを用意しておき、エラー発生時はそのstateをもとにエラーが起こったかを通知することもできます。

注意点として、componentDidCatchを記述したコンポーネントのエラーについては検知することができません。このライフサイクルメソッドは子コンポーネントで発生したエラーを検知するためのメソッドです。

第5章

# Reduxで
# アプリケーションの状態を
# 管理しよう

前章ではReactのStateを用いてアプリケーションの状態を全て管理していました。コンポーネントを細かく分割すると、コンポーネント間でProps経由で状態の共有が必要となり、アプリケーションが肥大化するほど共有は困難になってきます。そこで本章では、ReduxというFluxアーキテクチャの一種を用いてアプリケーションの状態を管理してみます。Reduxに関しては第1章でも軽く触れたので、少し戻っておさらいしてみても良いかもしれません。

# 5.1 Reduxでアプリケーションの状態を管理する

## ReduxのみでTodoアプリケーションを実装

今回も前章と同じく、Todoアプリケーションを実装してみます。テキストボックスにタスクを入力し、ボタン押下でタスクが一覧に追加されるようなものを想定しています（CSSを当てていないので、見た目は簡素です）。

図5.1 ToDoアプリケーション

まずはReactのことは忘れて、Reduxのみを扱ってみて、処理の流れをつかんでみましょう。一度前回までのコードは忘れて再びcreate-react-appで雛形を作成することから始めます。今回は、create-react-appによって生成される [src/index.js] を丸ごと書き換えていきます。

### Reduxのインストール

create-react-appを利用して雛形を作成したら、早速Reduxをインストールしましょう。npm経由でインストールを行います。

```
$ npm install --save redux
```

##  Reduxの構成

前章まではReactというViewライブラリを用いてアプリケーションを作成してきましたが、Reduxを導入することで新たに登場人物が増えます。ここでは重要となってくるStore、Reducer、Actionの解説をしつつ、実装を進めていきます。簡単に説明をしますと、Storeはアプリケーションの状態（state）とロジックを保持している場所で、ReducerはStoreが保持している状態を変化させるための関数です。Actionはユーザーから入力であったり、APIからの情報取得であったり、何らかの状態変化を引き起こす現象を指します。

### Reducerを定義する

まずはReducerから定義していきましょう。今回はReactなしのReduxのみでアプリを作成するため、Viewがありません。よって、タスクの入力は考えずにタスクの配列のみをStoreで管理してあげましょう。

Storeの初期状態は次のようになります（リスト5.1）。

リスト5.1　Taskの初期状態（index.js）

```
const initialState = {
  tasks : []
};
```

第4章では配列の要素一つひとつにidを持たせていましたが、今回は省略してタスクそのものの配列とします。

次にReducerを定義します。

リスト5.2　tasksReducerの定義（index.js）

```
function tasksReducer(state = initialState, action) {
  switch (action.type) {
    case 'ADD_TASK':
      return {
        ...state,
        tasks: state.tasks.concat([action.payload.task])
      };
    default:
      return state;
  }
}
```

Reducerの第一引数には現在の状態を示すstateオブジェクトが渡ってきます。初期状態として先ほど定義したinitialStateを代入しています。第二引数にはどんな操作をしたのかを示すActionオブジェクトが渡されます。タスクを追加するためのActionオブジェクトは、**リスト5.3**のようなものをイメージしてみてください。

**リスト5.3**　Actionオブジェクトのイメージ

```
{
  type: 'ADD_TASK',
  payload: {
    task: 'Reducerを学ぶ'
  }
}
```

ADD_TASKというtypeを持つActionが発行された場合に、現在のタスク一覧を表す配列であるtasksにtaskを追加すれば良さそうですね。ここで注意が必要です。配列に追加するだけであれば、state.tasks.push(action.task)でも良さそうですが、実はあまり好ましくありません。state.pushを行うと現在の状態であるstate自体に変更が加わってしまい、予期せぬ副作用が起こり得ます。よってここでは、新たな配列を生成するconcatやObject.assign、Spread Operatorなどを利用すると良いでしょう。Spread Operatorに関しては第1章でも解説しています。

### Flux Standard Action

Flux Standard ActionというActionの形式を標準化したものがあります。ActionがHuman-FriendlyになるようにとFacebook社の開発者が提唱したものです。

Actionはプレーンなオブジェクトでtypeプロパティが必須です。オプションとして以下のプロパティも設定できます。

- payload
  Actionに伴うデータとして利用できます。オブジェクト形式で扱うのが一般的です
  errorプロパティがtrueの場合はErrorオブジェクトを返すべきです
- error
  エラーを表現したい場合はtrueにします。それに伴ってpayloadの中身も変化させます
- meta
  payloadとは別に他の情報をActionとして含めたい場合はmetaを用います

redux-actions や redux-promise といった Action を扱う他ライブラリ内でも Flux Standard Action が採用されているので、この形式に沿っておくのが良いでしょう。

## ActionCreatorを定義する

ActionCreator はその名の通り、Action を生成するための関数です。ActionCreator を用意しておくことで、Action のテストがしやすくなり、実際に Action を用いる際にも直感的でわかりやすくなります。早速、先ほどのタスクを追加するための Action を生成する関数を定義してみましょう（リスト5.4）。

リスト5.4　Actionを生成する関数の定義（index.js）

```
const addTask = (task) => ({
  type: 'ADD_TASK',
  payload: {
    task
  }
});
```

タスクとして追加したい task を引数に取り、Action オブジェクトを返すだけの簡単な関数です。今後、Action を利用する際はすべて ActionCreator 経由で生成します。

## Storeを生成する

Redux は createStore という関数を持っており、これを実行することで Store を生成することができます。ここで作られる Store はアプリケーション内で唯一のものとなります。アプリケーション全体のさまざまな状態をこの Store に集約し管理します。

Redux の Store を生成する際には Reducer が必要なので、さきほどで作成した tasksReducer を使ってみます。それでは早速 Store を作ってみましょう（リスト5.5）。

リスト5.5　Storeの作成（index.js）

```
import { createStore } from 'redux';

// tasksReducerを定義（略）

const store = createStore(tasksReducer);
```

ここで、ReduxのcreateStoreという関数が登場します。

### createStore(reducer, [preloadedState], [enhancer])

この関数はその名の通り、Storeを作成するためのものです。Storeはアプリケーション全体の状態ツリーを管理します。

第一引数にはReducerを渡します。今回の例ではtasksReducerを渡しています。第二引数にはStoreの初期値をオプションとして与えることができます。主にサーバサイドやユーザーセッションで事前にデータを保持している場合に利用することが想定されます。第三引数にはStoreの機能を拡張するためのサードパーティ製のツールをオプションとして指定可能です。Reduxに唯一同梱されているものとして、applyMiddleware()を指定することもできます。

さて、createStore関数tasksReducerを指定することでStoreを作成することができました。ここで作成されたStoreの中身を見てみると以下の4つのメソッドをもつオブジェクトになっています。

- dispatch
- subscribe
- getState
- replaceReducer

試しにdispatchメソッドを使って、Actionを発行してみましょう（**リスト5.6**）。ActionはActionCreatorを用いて生成します。

リスト5.6　Actionの発行（index.js）

```
const addTask = (task) => ({
  type: 'ADD_TASK',
  payload: {
    task
  }
});

store.dispatch(addTask('Storeを学ぶ'));
```

これにより、ADD_TASKというtypeを持つActionが発行され、Reducerによって状態が変化します。Storeの現在の状態を見るために、getStateメソッドを叩いてみましょう（**リスト5.7**）。

## 5.1 Reduxでアプリケーションの状態を管理する

リスト5.7　getStateメソッドの例（index.js）

```
console.log(store.getState())
// {
//   tasks: [ 'Storeを学ぶ' ]
// }
```

tasksとして「Storeを学ぶ」が追加されていますね。

また、Storeにはsubscribeというメソッドがあります。このメソッドを用いることで、Storeの状態が変更された際に呼び出すコールバック関数を設定することができます。言い換えると、dispatchによってStoreの状態が変わった際に、その変化を監視する役目を担っています。コールバック関数のsubscribeを行なってからdispatchしてみて、subscribeの動きを見てみましょう（**リスト5.8**）。

リスト5.8　subscribeの動き（index.js）

```
import { createStore } from 'redux';

// tasksReducerを定義（略）

const store = createStore(tasksReducer);

function handleChange() {
  console.log(store.getState());
  // {
  //   tasks: [ 'Storeを学ぶ' ]
  // }
}

const unsubscribe = store.subscribe(handleChange)
// unsubscribe() を実行すると解除される

const addTask = (task) => ({
  type: 'ADD_TASK',
  payload: {
    task
  }
});

console.log(store.getState());
// {
//   tasks: []
```

第5章　Reduxでアプリケーションの状態を管理しよう

```
// }

store.dispatch(addTask('Storeを学ぶ'));
```

　今回、handleChange関数をsubscribeしているため、dispatchによって状態が変わったタイミングでこれが呼ばれます。dispatch前に最初、初期のStateとしてtasksには空の配列が格納されています。dispatch後にはコールバック関数としてhandleChangeが呼び出され、Stateが変化していることが見て取れるでしょう。また、subscribeの戻り値としてunsubscribeが返ってきます。この関数を実行することでsubscribeの解除ができます。上述の例ではコメントアウトしているため、解除は行われていません。コメントアウトを外すと、dispatchを行なってもhandleChangeは呼ばれなくなります。

　ここまで例を使って説明してきましたが、実際にReactと組み合わせる際は、react-reduxというライブラリを用いることで状態の変化をReact側にバインディングすることができます。react-redux内でsubscribeの仕組みは隠ぺいされているため、Storeの状態が変化するとReactのViewが更新されるというシンプルな流れになります。

　最後にreplaceReducerです。通常、createStoreによってStoreを生成する際、関連付けられるreducerは1つのみです。アプリケーションの規模が大きくなってくると、reducerも分割したくなりますよね。Reduxには、複数分割したReducerをひとまとめにするcombineReducersというメソッドも用意されており、こちらを利用することが多いです。しかし、分割したReducerを動的にロードしたいような場合は、Storeに関連付けているReducerを他のReducerに差し替えてあげる必要があります。その際に役立つのがreplaceReducerです。どんな動きをするのか見てみましょう。分かりやすいように、タスクを追加するReducerとタスクをリセットするReducerの2つを用意してみました（**リスト5.9**）。

**リスト5.9**　replaceReducerの動き（app.js）

```
import { createStore, replaceReducer } from 'redux';

const initialState = {
  tasks : []
};

function addReducer(state = initialState, action) {
  switch (action.type) {
    case 'ADD_TASK':
      return {
```

```
      ...state,
      tasks: state.tasks.concat([action.payload.task])
    };
  default:
    return state;
  }
}

function resetReducer(state = initialState, action) {
  switch (action.type) {
    case 'RESET_TASK':
      return {
        ...state,
        tasks: []
      };
    default:
      return state;
  }
}
```

最初にaddReducerを引数に与えてStoreを生成し、ADD_TASKというtypeを持つActionを発行してから、Stateを取得します（**リスト5.10**、❶）。ここまでは今まで一緒です。

**リスト5.10** Stateを取得するまでの流れ

```
const store = createStore(addReducer);   ──────────────❶

const addTask = (task) => ({
  type: 'ADD_TASK',
  payload: {
    task
  }
});

store.dispatch(addTask('Storeを学ぶ'));

console.log(store.getState());
// {
//   tasks: [ 'Storeを学ぶ' ]
// }
```

次に、resetReducerに入れ替えて、RESET_TASKというtypeを持つActionを発行してみます（**リスト5.11**、❶）。

**リスト5.11** RESET_TASKというtypeを持つActionを発行

```
store.replaceReducer(resetReducer);                          ❶

console.log(store.getState());
// {
//   tasks: [ 'Storeを学ぶ' ]
// }

const resetTask = () => ({
  type: RESET_TASK
});

store.dispatch(resetTask());

console.log(store.getState());
// {                                                         ❷
//   tasks: []
// }
```

resetReducerに入れ替えただけではStoreの状態は変化しないため、以前のタスクが残ったままになっています。その後、RESET_TASKをdispatchした後は、Storeの中身がリセットされ、tasksが空になります❷。

今度は試しにこの状態でADD_TASKを再びdispatchしてみましょう（**リスト5.12**）。

**リスト5.12** ADD_TASKを再びdispatch

```
store.dispatch(addTask('Reducerを学ぶ'));

console.log(store.getState());
// {
//   tasks: []
// }
```

resetReducerに入れ替わっているので、ADD_TASKがdispatchされても何も起こりません。Storeに関連付けられているReducerのみしか適用されないので、特に理由がなければ

combineReducerによってReducerを1つにまとめて関連付けてしまうのが楽でしょう。何か特別な理由があって、Reducerを動的にロードしたい場合はreplaceReducerを用いると良いでしょう。

### combineReducer

何度か既に名前は出してしまいましたが、このタイミングでcombineReducerについても解説したいと思います。combineReducerはReduxに備わっているメソッドで、各Reducerを合成する役割を担っています。replaceReducerの例では、タスクを追加する用のReducerとタスクをリセットする用のReducerを別々に用意していましたが、通常は1つのReducer内の分岐で定義して問題無いです。しかし、大きめのアプリケーションを作っていく場合に、どうしても1つのReducerだけで管理するのは厳しく、Reducerを分割したくなってきます。特に複数のエンティティを要するようなアプリケーションにおいては、分割は必須です。今回のTodoアプリにログイン機能を導入することを考えてみましょう。ログインしたユーザーの情報（名前やidなど）をStoreに保持しておきたいですよね。combineReducerはReducerを合成しますが、その真髄はStoreを擬似的に分割できることにあります。Storeはアプリケーション内に1つという点は変わりないですが、その下にReducer名をkeyとして別々のStoreツリーが広がっているイメージです（図5.3）。

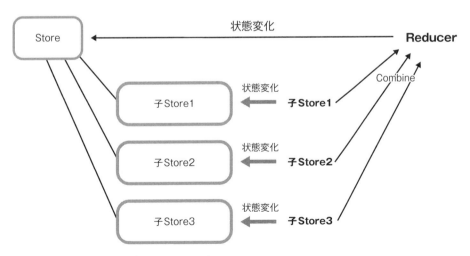

図5.3　Storeを擬似的に分割できるイメージ

##  React.js と組み合わせよう

ここまでで Action と Reducer、Store の関係性について理解することができたと思います。次に、今まで扱ってきた状態の変化を React を用いて View に反映させてみましょう。

React の登場により、ブラウザからタスクを入力する必要が出てきたため、Store でその入力値を管理してあげる必要があります。まずはタスク入力用の ActionCreator として次のものを追加します（**リスト 5.13**）。

**リスト 5.13** タスク入力用の ActionCreator

```
const inputTask = (task) => ({
  type: 'INPUT_TASK',
  payload: {
    task
  }
});
```

そして、今度はその Action を受け取り Store を変更させるために Reducer を**リスト 5.14** のように変更します。

**リスト 5.14** Reducer の変更 (index.js)

```
const initialState = {
  task: '',
  tasks: []
};

function tasksReducer(state = initialState, action) {
  switch (action.type) {
    case 'INPUT_TASK':
      return {
        ...state,
        task: action.payload.task
      };
    case 'ADD_TASK':
      return {
        ...state,
        tasks: state.tasks.concat([action.payload.task])
      };
    default:
      return state;
```

       }
     }

 Input要素からの入力値を管理するために、Storeにtaskというプロパティを追加しました。typeがINPUT_TASKであるActionがDispatchされてきた際に、taskに入力値が格納されます。

 まず、Reactを用いてコンポーネントを用意します（**リスト5.15**）。

**リスト5.15**　コンポーネントの用意（index.js）

```
function TodoApp({ store }) {
  const { task, tasks } = store.getState();
  return (
    <div>
      <input type="text" onChange={(e) => store.dispatch(inputTask(e.target.↩
value))} />
      <input type="button" value="add" onClick={() => store.dispatch(addTask(↩
task))} />
      <ul>
        {
          tasks.map(function(item, i) {
            return (
              <li key={i}>{item}</li>
            );
          })
        }
      </ul>
    </div>
  );
}
```

 テキストボックスが変更されるたびにその内容がStoreのtaskで管理され、ボタンが押下されるとStoreのtasksにタスクが追加されます。そして、タスク配列を一覧で表示します。次に、このコンポーネントを描画させるための関数を用意します（**リスト5.16**）。

**リスト5.16**　描画させるための関数

```
import { render } from 'react-dom';

function renderApp(store) {
  render(
```

```
    <TodoApp store={store} />,
    document.getElementById('root')
  );
}
```

これにより、rootというidを持った要素内にTodoAppコンポーネントが描画されます。次に、Storeの状態変化に応じてViewを変化させる処理を書いていきます。Storeのsubscribeメソッドを用いて、状態変化のタイミングでViewを描画する関数を呼びます（**リスト5.17**）。

リスト5.17　Viewを描画する関数

```
store.subscribe(() => renderApp(store));
```

ここまでの全体のコード［src/index.js］は**リスト5.18**のようになります。

リスト5.18　ここまでの全体のコード

```
import React from 'react';
import { render } from 'react-dom';
import { createStore } from 'redux';

const initialState = {
  task: '',
  tasks: []
};

function tasksReducer(state = initialState, action) {
  switch (action.type) {
    case 'INPUT_TASK':
      return {
        ...state,
        task: action.payload.task
      };
    case 'ADD_TASK':
      return {
        ...state,
        tasks: state.tasks.concat([action.payload.task])
      };
    default:
      return state;
  }
}
```

```
const store = createStore(tasksReducer);

const inputTask = (task) => ({
  type: 'INPUT_TASK',
  payload: {
    task
  }
});

const addTask = (task) => ({
  type: 'ADD_TASK',
  payload: {
    task
  }
});

function TodoApp({ store }) {
  const { task, tasks } = store.getState();
  return (
    <div>
      <input type="text" onChange={(e) => store.dispatch(inputTask(e.target.↩
value))} />
      <input type="button" value="add" onClick={() => store.dispatch(addTask(↩
task))} />
      <ul>
        {
          tasks.map(function(item, i) {
            return (
              <li key={i}>{item}</li>
            );
          })
        }
      </ul>
    </div>
  );
}

function renderApp(store) {
  render(
    <TodoApp store={store} />,
    document.getElementById('root')
  );
```

```
}

store.subscribe(() => renderApp(store));
renderApp(store);
```

これでひと通りの実装はできました。実際にTodoアプリが動作するかどうか確認してみてください。

## ファイルを機能ごとに分割する

今回はActionCreator、Store、Reducer、Componentの定義を1つのファイルにまとめてしまいましたが、役割ごとにファイル分割をした方が視認性が良くなります。ディレクトリ構成を以下のように変更してみましょう。

```
src/
    ├── index.js
    ├── components/
    ├── actions/
    └── reducers/
```

図5.2　ディレクトリ構成

まずはReducerからいきます。reducersディレクトリ配下に［tasks.js］を作成し、tasks Reducerの処理をそちらに移します。［src/reducers/tasks.js］はリスト5.19のようになります。

リスト5.19　src/reducers/tasks.js

```
const initialState = {
  task: '',
  tasks: []
};

export default function tasksReducer(state = initialState, action) {
  switch (action.type) {
    case 'INPUT_TASK':
      return {
        ...state,
```

```
      task: action.payload.task
    };
  case 'ADD_TASK':
    return {
      ...state,
      tasks: state.tasks.concat([action.payload.task])
    };
  default:
    return state;
  }
}
```

次にActionです。今度はactionsディレクトリ配下にtasks.jsを作成し、ActionCreatorの処理をそちらに移します。[src/actions/tasks.js]は**リスト5.20**のようになります。

**リスト5.20** src/actions/tasks.js

```
export const inputTask = (task) => ({
  type: 'INPUT_TASK',
  payload: {
    task
  }
});

export const addTask = (task) => ({
  type: 'ADD_TASK',
  payload: {
    task
  }
});
```

最後にcomponentsディレクトリを作成し、ReactのViewをそちらに移動させます。componentsからActionをDispatchさせるため、先ほど作成したActionCreator[actions/tasks.js]をimportする必要があります。[src/components/TodoApp.js]は次のようになります。

**リスト5.21** src/components/TodoApp.js

```
import React from 'react';
import { inputTask, addTask } from '../actions/tasks';
```

```
export default function TodoApp({ store }) {
  const { task, tasks } = store.getState();
  return (
    <div>
      <input type="text" onChange={(e) => store.dispatch(inputTask(e.target.⮐
value))} />
      <input type="button" value="add" onClick={() => store.dispatch(addTask(⮐
task))} />
      <ul>
        {
          tasks.map(function(item, i) {
            return (
              <li key={i}>{item}</li>
            );
          })
        }
      </ul>
    </div>
  );
}
```

これらのReducer、Componentsをimportして、最終的な[src/index.js]は**リスト5.22**のようになります。

**リスト5.22** src/index.js

```
import React from 'react';
import { render } from 'react-dom';
import tasksReducer from './reducers/tasks';
import TodoApp from './components/TodoApp';
import { createStore } from 'redux';

const store = createStore(tasksReducer);

function renderApp(store) {
  render(
    <TodoApp store={store} />,
    document.getElementById('root')
  );
}

store.subscribe(() => renderApp(store));
renderApp(store);
```

機能がファイルごとに分割され、可読性が向上しました。

## 5.2 react-redux

　さて、ここまでは自力でStoreの状態変化に応じてViewを描画させる方法を紹介しました。しかし実際にアプリケーションを作ってみるとわかりますが、Viewが多段構造になった場合に、該当部分のViewのみを再描画するのはなかなか骨が折れます。そこで、ReactとReduxを組み合わせるのを手助けしてくれるライブラリとしてreact-reduxを紹介します。react-reduxはreduxが公式として打ち出しているReactとの連携ツールです。

### react-reduxのインストール

いつも通り、npm経由でreact-reduxをインストールしましょう。

```
$ npm install -save react-redux
```

### Container ComponentとPresentational Component

　react-reduxの具体的な解説に入る前に、公式で紹介されているContainer ComponentとPresentational Componentについて説明します。ReactはViewを扱うライブラリであり、Reduxが有するStoreやActionの情報と疎結合になっていることが望ましいです。その方がコンポーネント単体としてテストもしやすいですし、コードの可読性も上がります。

　Container ComponentはReactのコンポーネントをラップしたコンポーネントであり、ReduxのStoreやActionを受け取りReactコンポーネントのPropsとして渡す役割を担います。Container Componentの責務はReactとReduxの橋渡しのみであり、ここでJSXを記述するのは好ましくありません。それに対し、Presentational ComponentはRedux依存のない純粋なReactコンポーネントとなります。これらの実装に関しては後述します。

##  react-reduxが行なっていること

react-reduxには大きく分けて次の2つの機能があります。

- \<Provider\>
- connect

それぞれ見ていきましょう。

### \<Provider store\>

dispatchはStoreに生えているメソッドのため、ReactコンポーネントからActionをdispatchさせるにはStoreが必要です。しかし、dispatchしたいコンポーネント全てに対し、Storeを最上位からバケツリレーさせるのは得策ではありません。\<Provider\>を用いることで、connectという関数を使えるようになり、任意のコンポーネントに対してStoreとの紐付けをすることができます。

使い方はリスト5.23のようになります。

**リスト5.23** \<Provider\>の用い方

```
ReactDOM.render(
  <Provider store={store}>
    <MyRootComponent />
  </Provider>,
  document.getElementById('root')
);
```

最上位のコンポーネントを\<Provider\>でラップし、propsにStoreを与えます。\<Provider\>の内部的には、Reactのcontext経由でStoreを保持する仕組みになっています。

実際にTodoアプリに組み込んでみるとリスト5.24のようになります。

**リスト5.24** Provider storeを組みこむ

```
import React from 'react';
import { Provider } from 'react-redux';
import { createStore } from 'redux';
import Todo from './components/Todo';
import { render } from 'react-dom';
```

```
// taskReducerの定義は省略
const store = createStore(tasksReducer);

render(
  <Provider store={store}>
    <Todo />
  </Provider>,
  document.getElementById('root')
);
```

　storeをTodoAppコンポーネントのPropsに渡す代わりに、Providerに渡しています。ではどうやってTodoAppコンポーネントはStoreの状態を取得するのでしょうか。答えは次のconnectにあります（よって、上記のサンプルはこのままでは動作しません）。

## connect
### ([mapStateToProps], [mapDispatchToProps], [mergeProps], [options])

　connectは特定のComponentに対してReactのcontextで保持しているStoreを提供する役割を担っています。StoreさえあればgetStateで状態が取得できますし、Actionをdispatchすることができるようになります。

### mapStateToProps(state, [ownProps])

　Connectの第一引数のmapStateToPropsでは、Storeから必要なStateを取り出し、ComponentのPropsに割り当てるための関数を指定します。リスト5.25に例を示します。

リスト5.25　mapStateToPropsの例
```
function mapStateToProps({ task, tasks }) {
  return {
    task,
    tasks,
  };
}
```

　mapStateToPropsでreturnしたオブジェクトはconnect先のコンポーネントのPropsとして受け取ることができます。mapStateToPropsの第一引数にはStoreのStateが渡ってきます。複数のReducerを組み合わせて使っている場合は、必要な部分のStateのみ取り出してreturnし

てあげれば、不要なStateをコンポーネントに渡さずにすみます。今回のTodoアプリの例では
Reducerはひとつしか用いておらず管理しているStateも少ないので、Inputフォームで入力さ
れたtaskとタスクの配列であるtasksを両方ともreturnします。

　第二引数はオプションで、親コンポーネントから引き継がれてきたPropsが格納されていま
す。（上記の例では用いていません）

### mapDispatchToProps(dispatch, [ownProps])

　connectの第二引数であるmapDispatchToPropsでは、Actionのdispatchを行う処理をこの
関数内に閉じることで、コンポーネントからdispatchの概念を隠ぺいします。**リスト5.26**に例
を示します。

**リスト5.26**　mapDispatchToPropsの例

```
// Action Creator
const addTask = (task) => ({
  type: ADD_TASK,
  payload: {
    task
  }
});

function mapDispatchToProps(dispatch) {
  return {
    addTask(task) {
      dispatch(addTask(task));
    }
  };
}
```

　mapDispatchToPropsは第一引数にStoreのdispatchメソッドが渡ってきます。これを用い
てActionを発行します。前述の例では、Actionをプレーンなオブジェクトとしてそのまま記述
していますが、ActionCreatorという関数を用意して該当のActionをreturnし、その場で利用
するのが一般的です。

### mergeProps(stateProps, dispatchProps, ownProps)

　mergePropsは、mapStateToPropsとmapDispatchPropsを経たそれぞれのPropsと、親
から渡ってきたownPropsをマージして、コンポーネントに渡すための関数です。デフォルト
では**リスト5.27**のように、単純に3つをマージする関数が設定されています。

リスト 5.27　mergePropsの例

```
function mergeProps(stateProps, dispatchProps, ownProps) {
  return Object.assign({}, ownProps, stateProps, dispatchProps);
}
```

　mergePropsを変更することで、それぞれのPropsをうまく組み合わせてからコンポーネントに渡すことができます。mapDispatchToPropsでStateの値を利用したい場合、通常コンポーネントのProps経由で受け取ったStateを引数に渡すことで利用可能ですが、mergePropsを用いることで、コンポーネントを介さずにStateを引数として受け取ることができます。
　例えばリスト5.28のような例が挙げられます。

リスト 5.28　mergePropsの例

```
function mapStateToProps({ task }) {
  return {
    task, tasks
  };
}

function mapDispatchToProps(dispatch) {
  return {
    inputTask(task) {
      dispatch(inputTask(task));
    },
    addTask(task) {
      dispatch(addTask(task});
    }
  };
}

function mergeProps(stateProps, dispatchProps, ownProps) {
  return Object.assign({}, ownProps, stateProps, {
    ...dispatchProps,
    addTask() {
      dispatchProps.addTask(stateProps.task);
    }
  });
}
```

おさらいですが、inputTaskに関してはテキストボックスに文字を入力するたびに文字列が渡って来て、Storeのtaskに格納されます。addTaskはタスクを追加する際に呼び出す関数で、Storeのtaskに格納されているタスクをtasks配列に追加します。ここで、inputTaskはテキストボックスから文字列を取得する必要があるため、コンポーネント側から文字列を引数に渡してもらわなければなりません。一方で、addTaskはStoreにあるtaskの情報を使えば良いので、コンポーネント側からわざわざタスクを引数に渡してもらう必要はありません。mapDispatchToProps内ではStoreの中身を参照することができないため、mergeProps内でStoreの中のtaskを参照してaddTaskに渡しています。

### options

第四引数はオプションとして以下のパラメータを設定可能です。

- pure
- areStatesEqual
- areOwnPropsEqual
- areMergedPropsEqual
- storeKey

### pure: Boolean

trueの場合、関連するState/Propsに変化がなければ、connectは再描画、およびmapStateToPrups/mapDispatchToProps/mergePropsの呼び出しをしません。デフォルト値はtrueになっています。

### areStatesEqual: Function

pureがtrueの場合、Storeの中身の差分判定をどのように行うかを指定します。デフォルト値はstrictEqual(===)になっています。

### areOwnPropsEqual: Function

pureがtrueの場合、OwnPropsの差分判定をどのように行うかを指定します。デフォルト値はshallowEqual(==)になっています。

### areStatePropsEqual: Function

pureがtrueの場合、mapStateToPropsの結果の差分判定をどのように行うかを指定します。デフォルト値はshallowEqual(==)になっています。

### areMergedPropsEqual: Function

pureがtrueの場合、mergePropsの結果の差分判定をどのように行うかを指定します。デフォルト値はshallowEqual(==)になっています。

### storeKey: String

本来不要なはずですが、もし何らかの理由でStoreを複数用意したい場合は（公式には'愚かにも'と書かれています）、storeKeyを指定する必要があります。

##  Todoアプリにreact-reduxを導入する

ProviderとConnectの説明が済んだので、実際にTodoアプリに組み込んでいきましょう。ディレクトリ構成にcontainersを加えて、以下のような形にします。

図5.3　ディレクトリ構成

ややこしいですが、Container Componentの置き場所としてcontainersディレクトリ、Presentational Componentの置き場所としてcomponentsディレクトリを用います。

actionsとreducersは前回のままで問題ありません。それではまず最初にcontainersを作成しましょう。ここでTodoAppコンポーネントとReduxのconnectを行います。[src/containers/TodoApp.js]は次のようになります。

リスト5.29　src/containers/TodoApp.js

```
import { connect } from 'react-redux';
import TodoApp from '../components/TodoApp';
import { inputTask, addTask } from '../actions/tasks';

function mapStateToProps({ task, tasks }) {
```

```
  return {
    task,
    tasks
  };
}

function mapDispatchToProps(dispatch) {
  return {
    addTask(task) {
      dispatch(addTask(task));
    },
    inputTask(task) {
      dispatch(inputTask(task))
    }
  };
}

export default connect(mapStateToProps, mapDispatchToProps)(TodoApp);
```

上記の例で行なっているのは次の2点です。

- mapStateToPropsでStoreにあるtask、tasksというStateをPropsに渡す
- mapDispatchToPropsで該当のActionをDispatchさせる関数をPropsに渡す

これにより、TodoAppコンポーネントにはPropsとして次の4つが渡されます。

- task - Inputフォームに入力されたタスク
- tasks - タスクの配列
- addTask - タスクを追加する関数
- inputTask - タスクを入力する関数

containersは以上です。次はTodoAppコンポーネントを修正していきましょう。[src/components/TodoApp.js]は**リスト5.30**のようになります。

リスト5.30　src/components/TodoApp.js

```
import React from 'react';

export default function TodoApp({ task, tasks, inputTask, addTask }) {
```

```
  return (
    <div>
      <input type="text" onChange={(e) => inputTask(e.target.value)} />
      <input type="button" value="add" onClick={() => addTask(task)} />
      <ul>
        {
          tasks.map(function(item, i) {
            return (
              <li key={i}>{item}</li>
            );
          })
        }
      </ul>
    </div>
  );
}
```

今まではStoreがPropsに渡ってきて、そこからStateを取得していましたが、今回はcontainersから整形されたオブジェクトがPropsとして渡ってきます。また、ActionCreatorやActionのDispatchもcontainers側で行なっているので、コンポーネント側はPropsで渡ってきたinputTaskとaddTaskを呼び出すだけになります。これでコンポーネントのRedux依存が消え、再利用性も高まりました。

最後に大元の[src/index.js]を修正しましょう（**リスト5.31**）。

**リスト5.31** src/index.js

```
import React from 'react';
import { Provider } from 'react-redux';
import { createStore } from 'redux';
import { render } from 'react-dom';
import tasksReducer from './reducers/tasks';
import TodoApp from './containers/TodoApp';

const store = createStore(tasksReducer);

render(
  <Provider store={store}>
    <TodoApp />
  </Provider>,
  document.getElementById('root')
);
```

修正点は、次の3点です。

- Providerを用いて、そのPropsにStoreを渡す
- コンポーネントのimport元をcontainersに変更する
- Storeのsubscribeでコンポーネントの再描画を行なっていた処理を削除する

Storeの生成も別ファイルに切り出すとさらにスッキリさせることもできます。余裕があればチャレンジしてみてください。

#### さらなる機能

通常のconnectよりも自由度を高くpropsの受け渡しを行いたい場合、connectAdvancedを用いることもできます。mapStateToPropsやmapDispatchToProps、mergePropsの辺りの処理を自分で行うイメージのものです。connectAdvancedはconnectの内部で用いられています。通常はconnectというラッパー関数によって隠ぺいされているさまざまな指定を直接呼び出すことができます。connectAdvancedは次のような引数を持つ関数です。

```
connectAdvanced(selectorFactory, [connectOptions])
```

これらの引数について解説していきます。

#### selectorFactory(dispatch, factoryOptions): Function

connectAdvancedの第一引数はselectorFactoryと呼ばれる関数です。selectorFactoryはクロージャ構造となっており、ownPropsや最終的にコンポーネントに渡されるPropsの管理を自分で行います。selectorFactoryの返り値は、state, ownPropsを引数に持ち、新しいpropsを返す関数となります。

例を**リスト5.32**に示します。

**リスト5.32** selectorFactoryの構造

```javascript
import * as actionCreators from './actionCreators';
import { bindActionCreators } from 'redux';

function selectorFactory(dispatch) {
  let ownProps = {};
  let result = {};
```

```
    const actions = bindActionCreators(actionCreators, dispatch);
    const addTodo = (text) => actions.addTodo(ownProps.userId, text);
    return (nextState, nextOwnProps) => {
      const todos = nextState.todos[nextOwnProps.userId];
      const nextResult = { ...nextOwnProps, todos, addTodo };
      ownProps = nextOwnProps;
      if (!shallowEqual(result, nextResult)) {
        result = nextResult;
      }
      return result;
    }
  }
export default connectAdvanced(selectorFactory)(TodoApp)
```

selectorFactory内にはownPropsとresultという変数を用意しています。ownPropsはその名の通りのもので、resultには最終的にコンポーネントに渡されるPropsを保存しておく用の変数です。返り値として関数を返す際に、ownPropsとresultは新しい内容に書き換えられます。その関数内では、Storeのstateから選択した値や、特定のActionをdispatchする関数を組み合わせて、resultを生成します。

### connectOptions: Object

オプションのパラメータで、connectのさらに詳細な設定を行うことができます。以下のパラメータを設定可能です。

- getDisplayName
- methodName
- renderCountProp
- shouldHandleStateChanges
- storeKey
- withRef

### getDisplayName: Function

コンポーネントのdisplayNameから、connectAdvancedが返すコンポーネントのdisplayNameを生成するための関数です。デフォルトは**リスト5.33**のように指定されています。

リスト5.33　getDisplayNameの例

```
getDisplayName = name => `ConnectAdvanced(${name})`
```

connectを用いる場合は、connect側でgetDisplayNameの指定がオーバーライドされてお

り、**リスト5.34**のように指定されています。

リスト5.34　connectを用いたgetDisplayNameの例

```
getDisplayName = name => `Connect(${name})`
```

displayNameは基本的にはエラーメッセージを表示する際などに用いられています。

### methodName: String

こちらも同様にエラーメッセージでこの関数をどう表示して見せるかを指定するオプションです。デフォルトは'connectAdvanced'です。

### renderCountProp: String

renderが何回呼ばれたのかをカウントしてくれるProps名を指定できます。この値が定義されている場合は、その名称でコンポーネントにProps経由で渡されます。これを利用することで、不要な再描画が行われていないかを確認することができます。

### shouldHandleStateChanges: Boolean

Storeの状態変化をコンポーネント側に反映するかどうかの指定です。falseの場合、コンポーネントの再描画はcomponentWillReceivePropsでしか行えなくなります。

### storeKey: String

Storeを複数用意したい場合は、Storeを指定するためのKeyとしてこのオプションを利用できます。

### withRef: Boolean

この値をtrueにした場合、connect先のコンポーネントのインスタンスを取得することができるようになります。インスタンスの取得は、getWrappedInstanceというメソッドから行います。

### その他

上記で挙げた以外のオプションパラメータをセットした場合、selectorFactoryの第二引数であるfactoryOptionsに渡され、そちらで値を利用することができます。

第 6 章

# ルーティングを実装しよう

ルーティングとは、ユーザーからの入力において
表示させるページを出し分ける処理を指します。
この章ではルーティングの実装パターンについて
解説していきます。

第6章　ルーティングを実装しよう

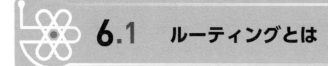

## 6.1　ルーティングとは

　ルーティングとは、ユーザーからの入力において表示させるページを出し分ける処理をさします。今までのアプリケーションはサーバサイドでルーティングを行うのが一般的でしたが、Ajax(Asynchronous JavaScript and XML)の普及により、クライアントサイドでルーティングを行うことも増えてきました。俗に言うシングルページアプリケーションです。ブラウザに読み込ませるテンプレートは1枚ですが、非同期通信で動的にデータを取得し、JavaScriptでその都度ページを構築するスタイルになります。

　React・Reduxアプリケーションは状態管理に優れており、さまざまな状態に応じてコンポーネントの出し分けができます。複数ページのあるアプリケーションにおいてはどのように実装すれば良いのでしょうか。答えは簡単です。どのページにいるのか（= URL）という情報をStoreで保持し、変化があった場合にViewを差し替えてあげれば良いのです。やっていることは今までと同じですね。

 ### ルーティングの実装パターン

　ルーティングの情報をどのように保持するのかによって実装パターン[※1]は何通りか方法があります。

#### URL遷移なし

　まずは、URLを用いずにアプリケーションの内部的に状態を保持する方法です。例えば、Store内にpageというプロパティを用意し、この値の変化を見てページを出し分けることができます。しかしこの場合は画面をリロードすることによって、状態が元に戻ってしまうため現実的ではありません。
　WebページはURLを起点としてロードされるものなので、ルーティングもやはりURLを起点としている方が理にかなっています。

---

※1　本書のreact-routerのバージョンは4.2系です。

## URL Hash

　URLを入力した後、ブラウザは該当のサーバにコンテンツを取得しにいきます。よって、単純にURL自体を書き換えてしまうと、クライアントサイドで処理を行う前にサーバサイドにリクエストが飛んでしまいます。そこで、URL Hash（#）を用いることでクライアントサイドによるルーティングを実現します。

　Hashは従来、Webページのアンカーリンクに用いられてきました。ページ内の移動なので、ページ自体の更新処理（＝サーバへのコンテンツ取得）は行われません。

　Hashはlocation.hashを用いることで容易に取得することができます。hashが変更された際に発火するhashchangeイベントをハンドリングしてコンポーネントの出し分けを行う手法となります。

## history API

　ブラウザのhistory APIを利用したルーティング方法を紹介します。history APIはブラウザの履歴情報を操作することのできるAPIです。

　通常はhistory.back()やhistory.forward()を用いて履歴間を移動することが多いですが、history APIには履歴を追加する機能があります。そのページに訪れていなくても、行ったふりをすることができるということです。

　履歴を追加する場合は、pushStateというメソッドを用います。サーバへのHTTPリクエストは行われずに、ブラウザの履歴に新しいURLが追加されます。

　history APIの場合はpopstateというイベントをハンドリングすることで履歴移動を検知することができます。ただしここで注意が必要なのは、リロードした場合に該当のURLへのHTTPリクエストがされてしまうということです。シングルページアプリケーションなので、当然URLに該当するリソースがサーバには置かれておらず、404エラーが返って来てしまいます。よって、サーバサイドで常にSPAの起点となるテンプレートを返してあげる必要があります。

　webpack-dev-serverを用いている場合は、History API Fallback機能を用いるとWebサーバが返すリソースがない場合に自動的に［index.html］を返してくれます。また、reduxのconnectを使っている場合はconnect-history-api-fallbackというミドルウェアを用いることでも解決できます。

## ルーティングのライブラリ紹介

数あるルーティングライブラリの中から2つだけピックアップして紹介します。

### react-router v4

おそらく一番メジャーなライブラリがreact-routerでしょう。執筆時点（2017年12月）ではバージョン4が最新となっています。バージョン4になったタイミングで大幅な変更があり、基本的には各コンポーネントの内部でルーティング処理を記述していく形となりました。

また、react-routerはreact-nativeを用いたアプリ開発に導入することも可能です。今回はWeb開発用のパッケージであるreact-router-domについて解説します。まずは例によって、npmを用いてインストールします。

```
$ npm install --save react-router-dom
```

react-router-domのAPIをひとつずつ見ていきましょう。

### <BrowserRouter>

history APIを用いたルーティングを行いたい場合はBrowserRouterを用いましょう。**リスト6.1**のようにProviderの直下に設置します（❶）。

リスト6.1 BrowserRouterの例

```
import React from 'react';
import { Provider } from 'react-redux';
import { BrowserRouter as Router, Route } from 'react-router-dom';

// 略

render(
  <Provider store={store}>
    <Router>
      <Route path="/" component={App} />
    </Router>
  </Provider>,
  document.getElementById('root')
);
```

BrowserRouterより下の階層ではRouteを使うことができるようになります。Routeに関しては後述します。

■ **basename: string**

アプリケーションがドメインのサブディレクトリにデプロイされている場合はそのURLを指定します。先頭にスラッシュが必要で、末尾のスラッシュは不要です。**リスト6.2**ではcalendarというディレクトリを指定しています。

リスト6.2　basenameの例

```
<BrowserRouter basename="/calendar" />
```

■ **getUserConfirmation: func**

ユーザーへの確認を行なった上でルーティングするようなケースを実装したい場合にgetUserConfirmationを使うことができます（**リスト6.3**）。

リスト6.3　getUserConfirmationの例

```
const getConfirmation = (message, callback) => {
  const allowTransition = window.confirm(message)
  callback(allowTransition)
}

<BrowserRouter getUserConfirmation={getConfirmation}/>
```

デフォルトの挙動はこのようになっており、window.confirmが用いられる形となります。

■ **forchRefresh: bool**

ブラウザがhistory APIをサポートしていない場合に用いると良いでしょう。forceRefreshがtrueの場合、現在のURLに基づいたコンテンツの再取得が行われます。

■ **keyLength: number**

履歴を格納する長さを指定できます。デフォルトは6です。

■ **children: node**

childrenに指定されたノードをrenderします。

### <Route>

Routeはreact-routerの中で最も使用頻度の高い機能になると思います。Routeを用いることで、URLのパスに応じてコンポーネントの出し分けを行うことができます。コンポーネントの描画にはいくつか方法がありますが、一番簡単なのはcomponentメソッドを使う方法です（リスト6.4）。

リスト6.4 Routeの例

```
<Router>
  <Route exact path="/" component={App} />
  <Route path="/users" component={Users} />
  <Route exact path="/users/:id" component={UsersDetail} />
</Router>
```

　URLがpathで指定した文字列を含む場合に、コンポーネントは描画されます。exact={true}を指定した場合はURLのパスと文字列が完全一致した場合のみ描画されます（boolean値なのでexactというプロパティのみの記述も可能です）。基本的にはexactを用いるケースの方が多いと思いますが、例えばあるページの階層下で常に表示させておきたい情報だったり、常に共通のAPIを叩きたい場合などにexactなしでルーティングさせた方が都合が良い場合もあります。また、pathの中で:idのように変数を用いることもできます。上記の例では、/users/123や/users/abcといったURLの場合にUsersDetailが描画され、そのPropsから:idの部分を取得することができます。

　描画されたコンポーネントは、次のPropsが付与されます。

- match
  params - ルーティング時の変数部分
  isExact - URLとpathで指定した文字列が完全一致しているかどうか
  path - pathで指定した文字列
  url - URL文字列
- location - locationオブジェクト
- history - historyオブジェクト

　これらにより、URLに基づいて一致したID等を取得し、非同期通信でデータを取得してきたり、Viewの出し分けを行ったりすることができます。

## \<HashRouter\>

URL Hashを利用したルーティングを行いたい場合はこちらを利用します。BrowserRouterと被っている部分もあるのでその箇所は割愛します。

- basename: string …… BrowserRouterと同じ。
- getUserConfirmation: func …… BrowserRouterと同じ。
- children …… BrowserRouterと同じ。
- hashType: string …… Hashの形式を以下から指定できます。デフォルト値はslashです。
  - slash
    #/から始まる形式
  - noslash
    #（スラッシュ無し）から始まる形式
  - hashbang
    #!/から始まる形式
    Googleが以前Ajax CrowlableなHash形式として掲げていたが、現在は非推奨

## \<Link\>

\<Link\>要素を用いることで、シングルページアプリケーション内の遷移を容易に行うことができます。

### to: string

遷移先のパスを文字列型で指定します。

### to: object

toにはオブジェクト形式でパスを渡す方法もあります。具体的には**リスト6.5**のような形となります。

リスト6.5　\<Link\>要素の例

```
<Link to={{
  pathname: '/courses',
  search: '?sort=name',
  hash: '#the-hash',
  state: { fromDashboard: true }
}}/>
```

- **replace: bool**

現在のhistoryパスを遷移先のパスに置き換えます。よって、現在のパスがhistoryからは参照できなくなります。

## <NavLink>

<Link>要素に装飾を加えることのできるタグです。マッチするURLによって条件を追加することも可能です。

- **activeClassName: string**

<NavLink>要素のto属性と現在のURLパスがマッチしている場合にactiveClassNameに指定したclassが付与されます（**リスト6.6**）。デフォルトはactiveというclassが与えられます。

リスト6.6　NavLink

```
<NavLink
  to="/faq"
  activeClassName="selected"
>FAQs</NavLink>
```

- **activeStyle: object**

マッチしている場合にactiveStyleに指定したstyleが付与されます（**リスト6.7**）。

リスト6.7　activeStyleの例

```
<NavLink
  to="/faq"
  activeStyle={{
    fontWeight: 'bold',
    color: 'red'
  }}
>FAQs</NavLink>
```

- **exact: bool**

exactがtrueの場合、<NavLink>要素のto属性と現在のURLパスの比較が完全一致になります。

### react-router-redux

react-routerをさらにreduxに最適化させることができるのがreact-router-reduxです。react-routerのみでは、URLの変更を<Link>や<Redirect>経由でしか行うことができません。react-router-reduxを用いると、ルーティング情報をStoreのStateで管理しつつ、pushやreplaceといったAPIを用いてURLの変更を行うことができます。

#### インストール

react-router-reduxはreact-routerと共に用いるのでインストールする際にはreact-router-domも必要です。また、執筆時点ではreact-router v4に対してはまだ正式版がリリースされていないため、react-router v4を用いる場合は@nextの指定が必要です（2018年1月時点）。

```
$ npm install --save react-router-dom react-router-redux@next history
```

react-router-reduxのバージョンを確認し、5.x系がインストールできていれば大丈夫です。

#### 特徴

react-routerのAPIはそのまま利用することができます。react-router-reduxが行なっているのは、historyオブジェクトを強化し、その変更をStoreのStateに常に同期させることです。

#### 導入方法

react-router-reduxの導入方法を解説します。まずはStoreの生成処理が複雑なので別ファイルとして切り出してみます。Todoアプリの構成をベースに考えて、新しくstoreというディレクトリを作ります。そして[store/index.js]というファイルを用意し、そこに記述していきます（**リスト6.8**）。

**リスト6.8** store/index.js

```
import {
  // 名前が被ってしまうので別名でimportする
  createStore as reduxCreateStore,
  combineReducers,
  applyMiddleware
} from 'redux';
import { routerReducer, routerMiddleware } from 'react-router-redux';
import tasksReducer from '../reducers/tasks';
```

```
// historyは[src/index.js]から渡すようにする
export default function createStore(history) {
  return reduxCreateStore(
    combineReducers({
      // tasksReducerをtasksというkeyに割り当てる
      tasks: tasksReducer,
      // react-router-reduxのReducer
      router: routerReducer,
    }),
    applyMiddleware(
      // react-router-reduxのRedux Middleware
      routerMiddleware(history)
    )
  );
}
```

react-router-reduxはrouterReducerというルーティングのためのReducerを持っているので、それを用いるためにはTodoアプリのtasksReducerと合成してあげる必要があります。Reducerの合成はcombineReducerを用いて行うことができます。また、react-rouer-reduxはルーティング用のMiddlewareも提供しているので、applyMiddlewareを使ってrouterMiddlewareを適用します。このMiddlewareによりReduxのAction経由でルーティングが制御できるようになります。このファイルではReducerとMiddlewareをセットしてStoreを生成する関数を提供するところまでを行い、実際のStore生成は[src/index.js]で行います。

[src/index.js]は**リスト6.9**のようになります。

**リスト6.9** src/index.js

```
import React from 'react';
import { render } from 'react-dom';
import { Provider } from 'react-redux';
import { ConnectedRouter } from 'react-router-redux';
import createBrowserHistory from 'history/createBrowserHistory';
import TodoApp from './containers/TodoApp';
import createStore from './store'; // 先ほどの[src/store/index.js]

// historyのインスタンスを生成
const history = createBrowserHistory();

// Storeの生成
```

```
const store = createStore(history);

render(
  <Provider store={store}>
    <ConnectedRouter history={history}>
      <TodoApp />
    </ConnectedRouter>
  </Provider>,
  document.getElementById('root')
);
```

　ここでの大きな変更点は、createBrowserHistoryを用いてhistoryを生成し、react-router-reduxが提供するConnectedRouterに渡している点です。ConnectedRouterはTodoAppコンポーネントを囲う形で配置します。イメージとしては、react-router-domの提供するRouterを拡張して、Storeで管理しているルーティング情報と同期できるようになったものと考えておけば良いでしょう。よって、TodoAppコンポーネントの内部ではreact-router-domのRouteコンポーネントやLinkコンポーネントが動く状態になっています。

　また、[src/store/index.js]でReducerの合成を行ったため、Reducerの構成が変わりました。現在、Storeの構成は**リスト6.10**のようになっています。

リスト6.10　Storeの構成

```
{
  tasks: {
    task: '',
    tasks: []
  },
  router: {
    location: {
      /* ルーティング情報 */
    }
  }
}
```

　よって、[src/containers/TodoApp.js]のmapStateToPropsの部分も**リスト6.11**のように変更が必要です。

リスト6.11　src/containers/TodoApp.js

```
function mapStateToProps({ tasks }) {
```

```
  return {
    task: tasks.task,
    tasks: tasks.tasks
  };
}
```

以上で、react-router-reduxの導入ができました。

### Action経由によるルーティング

　react-router-reduxの特徴として、Action経由でルーティングを行うことができます。そのためには前述したように、routerMiddlewareを適用する必要があります。

　これによりreact-router-reduxが用意している次のようなActionCreatorを用いたルーティングが可能となります。

- push ……………… 履歴に新しいlocationを追加します
- replace ………… 現在の履歴を新しいlocationに置き換えます
- go ………………… 相対値（1や-2など）を指定して履歴の移動を行うことができます
- goForward …… 履歴を1つ進めます
- goBack ………… 履歴を1つ戻ります

　これらはActionCreatorなので、これらの関数を実行した結果として得られるActionをDispatchする必要があります（**リスト6.12**）。

**リスト6.12** ActionをDispatch

```
import { push } from 'react-router-redux';

// 略

// どこからでもdispatch可能
store.dispatch(push('/foo'));
```

　非同期通信を行い、通信に失敗した場合にエラーページにリダイレクトさせるなどの処理にも使うことができます。

　試しにエラーページを作成して、Action経由でルーティングできるかどうか試してみましょう。通常ありえない構成ですが、ボタンをクリックしたらエラーページにリダイレクトす

るような例を考えてみます。

まずは簡単なErrorコンポーネントの作成です。[src/components/Error.js]は**リスト6.13**のようになります。

**リスト6.13** src/components/Error.js

```
import React from 'react';
import { Link } from 'react-router-dom';

export default function Error() {
  return (
    <div>
      <h1>エラーページ</h1>
      <Link to="/">戻る</Link>
    </div>
  );
}
```

エラーページからTodoの画面に戻る用のリンクも配置しました。ここではreact-router-domのLinkコンポーネントを利用しています。

次に、[src/index.js]を変更して、エラーページに遷移できるように設定しましょう（**リスト6.14**）。

**リスト6.14** src/index.js

```
import React from 'react';
import { render } from 'react-dom';
import { Route } from 'react-router-dom';   // 追加
import { Provider } from 'react-redux';
import { ConnectedRouter } from 'react-router-redux';
import createBrowserHistory from 'history/createBrowserHistory';
import TodoApp from './containers/TodoApp';
import Error from './components/Error';   // 追加
import createStore from './store';

const history = createBrowserHistory();
const store = createStore(history);

render(
  <Provider store={store}>
    <ConnectedRouter history={history}>
```

```
      <div>
        {/* ルーティングさせる */}
        <Route exact path="/" component={TodoApp} />
        <Route exact path="/error" component={Error} />
      </div>
    </ConnectedRouter>
  </Provider>,
  document.getElementById('root')
);
```

Errorコンポーネントをimportしてきて、react-router-domのRouteコンポーネントを用いて以下のようなルーティングを用意しています。

'/' => Todoアプリを表示

'/error' => エラーページを表示

次に、[src/containers/TodoApp.js]にエラーページにリダイレクトさせるための処理を追加します。

リスト6.15　src/containers/TodoApp.js

```
import { connect } from 'react-redux';
import { push } from 'react-router-redux';   // 追加
import TodoApp from '../components/TodoApp';
import { inputTask, addTask } from '../actions/tasks';

function mapStateToProps({ tasks }) {
  return {
    task: tasks.task,
    tasks: tasks.tasks
  };
}

function mapDispatchToProps(dispatch) {
  return {
    addTask(task) {
      dispatch(addTask(task));
    },
    inputTask(task) {
      dispatch(inputTask(task))
```

```
    },
    redirectToError() {
      dispatch(push('/error'));
    }
  };
}

export default connect(mapStateToProps, mapDispatchToProps)(TodoApp);
```

エラーページにリダイレクトさせるためにreact-router-reduxが提供しているpushという ActionCreatorを利用します。TodoAppコンポーネント側からredirectToErrorという関数を 呼び出せばリダイレクトされるようにします。最後に[src/components/TodoApp.js]を変更し ます。

リスト6.16　src/components/TodoApp.js

```
import React from 'react';

export default function TodoApp({ task, tasks, inputTask, addTask, redirectTo
Error }) {
  return (
    <div>
      <input type="text" onChange={(e) => inputTask(e.target.value)} />
      <input type="button" value="add" onClick={() => addTask(task)} />
      <ul>
        {
          tasks.map(function(item, i) {
            return (
              <li key={i}>{item}</li>
            );
          })
        }
      </ul>
      {/* 追加 */}
      <button onClick={() => redirectToError()} >エラーページへ</button>
    </div>
  );
}
```

ボタンを押下してエラーページに遷移できれば問題なく動作しています。react-router-reduxの解説はここまでです。より実践的な使い方として第10章で再び登場するのでお楽し

みに。

## redux-first-router

今度は別のルーティング実装であるredux-first-routerを紹介します。react-router-reduxと同じく、ルーティング情報を全てStoreのStateとして管理します。ルーティングさせたい場合はActionをDispatchする方式で行います。

### インストール

いつも通りnpmからインストールを行いましょう。redux-first-routerに加え、redux-first-router-linkも必要です。react-routerでいうところの<Link>の部分がredux-first-router-linkとして切り出されているイメージです。

```
$ npm install --save history redux-first-router redux-first-router-link
```

### 特徴

redux-first-routerの特徴は、URLの変化とStoreに保持しているルーティング情報が双方向バインディングされる点です。react-routerではURLを書き換えることでルーティング情報が書き換わる片方向バインディングですが、redux-first-routerではそれに加え、ルーティング情報を書き換えることでURLを更新します。

全ての処理をURL起因で行うのが従来は一般的であり、ページ遷移する際もまずはURLを書き換え、それに基づいて各Viewを構築していく流れでした。しかし、よくよく考えてみると、URL起因で処理を行うのはWebページを開いたタイミングのみでも良いはずです。SPA内でページ遷移を行う場合はわざわざURLから書き換えていかなくても、Storeに保存されているルーティング情報を書き換えれば済む話です。ただし、URLが書き変わらないと、ページをリロードされた場合に異なった形でページが再構築されてしまうため、URLをルーティング情報と同期させることは必須です。

redux-first-routerはredux-first-router-linkと組み合わせることで、URL起因でViewを操作することも、Storeのルーティング情報起因でViewを操作することも両方可能です。単純にWebページ内のリンクで遷移させたい場合はredux-first-router-linkの<Link>を使えば良いですし、例えば非同期通信後にリダイレクトしたい場合などは特定のActionをDispatchして

あげるだけでルーティングを行うことができます。

### 導入方法

まずは実例を示します。Storeを生成する処理にredux-first-routerを組み込みます（**リスト6.17**）。

リスト6.17 redux-first-routerを組み込む

```
import { createStore, applyMiddleware, compose,
combineReducers } from 'redux';
import { connectRoutes } from 'redux-first-router';
import { createHashHistory } from 'history';

// 省略のため他のReducerは別ファイルで一度オブジェクトとしてまとめた上で、
// importしてくる形式にしています
import reducers from '<project-path>/reducer'

const history = createHashHistory();

const routesMap = {
  HOME: '/home',
  USER: '/user/:id',
};

const { reducer, middleware, enhancer } = connectRoutes(history, routesMap);
const rootReducer = combineReducers({ location: reducer, ...reducers });
const middlewares = applyMiddleware(middleware);
const store = createStore(rootReducer, compose(enhancer, middlewares));

export default store;
```

redux-first-routerを理解する上で重要なのがroutesMapです。routesMapによってActionとURLの紐付けが行われます。:id等とすることで変数も扱えます。

上記の例の場合、{ type: 'HOME' }というActionがDispatchされたら/homeにリダイレクトされ、{ type: 'USER', payload: { id: 123 } }というActionがDispatchされたら/user/:idにリダイレクトされます。またその逆も然りで、/home、/user/:idにアクセスすると、対応するActionがDispatchされます。<Link>経由で遷移した際にも特定のActionがDispatchされるので、そのタイミングで何らかのStoreの状態を書き換えることも容易です。

historyとroutersMapを引数としてconnectRoutesを実行すると、reducer, middleware, enhancerという三種の神器が返ってきます。ここで得られるreducerが管理しているStoreの中身は**リスト6.18**のようになっています。

リスト6.18　Storeの内容

```
const initialState = {
  pathname: '/example/url',
  type: 'EXAMPLE',
  payload: { param: 'url' },
  prev: {
    pathname: '',
    type: '',
    payload: {}
  },
  kind: undefined,
  hasSSR: isServer() ? true : undefined,
  routesMap: {
    EXAMPLE: '/example/:param',
  }
}
```

この内、kindは次のパラメータのいずれかを持ちます。

- load: …… 現在のRouteが最初に到達したRouteだった場合
- redirect: …… リダイレクトの結果、現在のRouteに到達した場合
- next: …… HistoryのforwardによってRouteに到達した場合
- back: …… HistoryのbackによってRouteに到達した場合
- pop: …… ブラウザのback, forwardボタンによって現在のRouteに到達した場合

combineReducersでlocationというkeyにこのReducerを割り当てているので、利用したい場合はContainerのmapStateToPropsで**リスト6.19**のようにすれば良いでしょう。

リスト6.19　mapStateToPropsの例

```
function mapStateToProps({ location }) {
  return {
    location
  };
}
```

話を戻しますが、connectRoutesの結果として得られるmiddlewareはReduxのAction発行からReducerが受け取るまでの間に処理を挟むための機構です。詳しくは次章で解説します。enhancerはcreateStoreを引数に取り、何らかの形でラップしたcreateStoreを返す関数です。リスト6.20に例を示します。

**リスト6.20** enhancer関数の例

```
function enhancer(createStore) {
  // ラップしたcreateStore
  return function wrappedCreateStore(reducer, preloadedState) {
    // storeを生成して返す
    return store;
  }
}
```

applyMiddlewareもenhancerの一種であり、applyMiddlewareの場合はMiddlewareを組み込んだStoreを生成するためのcreateStoreを返しています。以上のreducer、middleware、enhancerを元にReducerの合成、Middlewaresの適用を行い、Storeを生成することで、redux-first-routerを利用できるようになります。

第7章

# Redux Middleware

この章ではReduxのミドルウェアについて解説します。Reduxは非常に軽量なアーキテクチャです。Redux単体では提供していない機能も多数あります。しかし、Reduxにはミドルウェアと呼ばれる拡張機能をサポートしています。ミドルウェアはサードパーティとして多数公開されており、必要なミドルウェアを選択して利用していくことでできることの幅が広がります。この章ではミドルウェアの適用方法から自分で作成する方法まで解説します。

## 7.1　Redux Middlewareとは？

### Redux Middlewareの基礎

　Redux MiddlewareはReduxの機能を拡張する仕組みです。具体例として次のようなミドルウェアなどがあり，多様な拡張が可能です。

- Actionのログを取るミドルウェア
- 非同期処理を可能にするミドルウェア
- クラッシュレポートを送信するミドルウェア
- ルーティングのために利用するミドルウェア

　また、複数のミドルウェアを組み合わせて利用することももちろん可能です。Redux単体では解決できない課題に対して、世界中の人達がミドルウェアを作成して公開しています。何か課題を感じた時はすでに誰かがそれを解決するミドルウェアを作成しているかもしれません。さまざまな課題に対してミドルウェアを取り組むメリットは、それぞれが独立していて、かつ合成可能な点にあります。各ミドルウェアはそれぞれ独自の機能を持ちますが、複数のミドルウェアを同時に利用してもお互いに影響を及ぼすことがないように作成されています。

### Actionのログを表示するRedux Middlewareを使う

　ミドルウェアの例として最もシンプルなのがredux-loggerでしょう（図7.1）。redux-loggerは図7.2のようにActionがディスパッチされる前後のstateと、ディスパッチされたActionをコンソールに表示します。きちんとアクションが発動しているか、アクションの前後で期待したとおりにstateを変更できているかを確認するために非常に便利です。アプリケーションの開発時にぜひ導入してほしいミドルウェアですので、まずはこのミドルウェアを導入してみましょう。

7.1 Redux Middlewareとは？

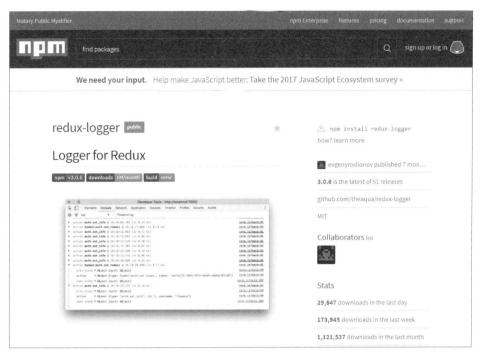

図7.1 redux-loggerトップページ

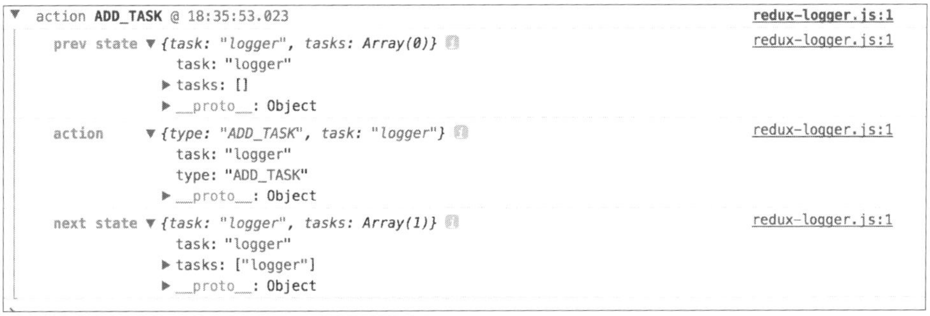

図7.2 redux-loggerの図

## Middlewareをインストール

redux-loggerはnpmで公開されているミドルウェアです。まずはこれを利用するためにインストールしましょう。プロジェクトのルートディレクトリで以下のコマンドを実行します。

```
$ npm insta'l --save redux-logger
```

## applyMiddlewareを使ってMiddlewareを適応

インストールしたミドルウェアを利用してみます。reduxにミドルウェアを適用する場合、reduxが提供するapplyMiddlewareという関数を利用します。この関数をインポートし、さらにミドルウェアもインポートしてしまいましょう（**リスト7.1**）。

リスト7.1　ミドルウェアのインポート（index.js）

```
// createStoreに加えてapplyMiddlewareをインポートします
import { createStore, applyMiddleware } from 'redux';

// インストールしたredux-loggerをインポートします
import logger from 'redux-logger';
```

createStore関数を使ってreducerを元にstoreを作成します。この際、createStoreの第二引数でapplyMiddleware関数を利用します。コードで見たほうがわかりやすいかもしれません（**リスト7.2**）。

リスト7.2　reducerを元にstoreを作成

```
const store = createStore(
  reducer,
  applyMiddleware(logger)
);
```

第二引数で先程インポートしてきたapplyMiddleware関数とloggerミドルウェアを利用していることがわかります。applyMiddlewareは可変長引数を取る関数です。redux-logger以外のミドルウェアを使う際は単に引数に列挙するだけで追加することができます（**リスト7.3**）。

リスト7.3　ミドルウェアの列挙

```
applyMiddleware(middleware1, middleware2, middleware3)
```

以上でミドルウェアを利用することができました。アプリケーションの動作を確認してみましょう。コンソールを見るとアクションごとにログが表示されていることがわかります（**図7.3**）。

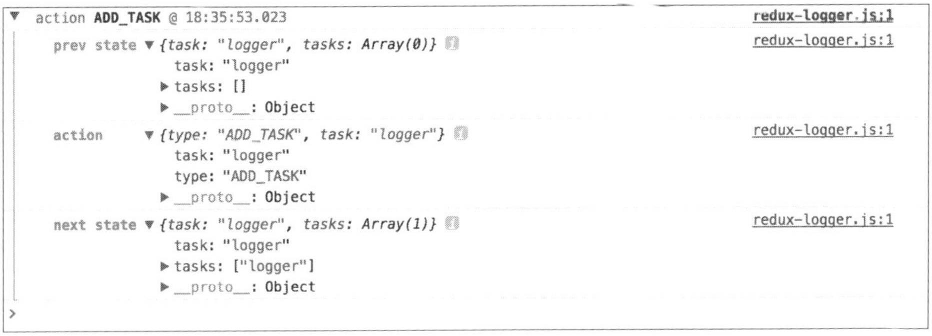

```
▼ action ADD_TASK @ 18:35:53.023                                    redux-logger.js:1
    prev state ▼ {task: "logger", tasks: Array(0)}                  redux-logger.js:1
                  task: "logger"
                ▶ tasks: []
                ▶ __proto__: Object
    action     ▼ {type: "ADD_TASK", task: "logger"}                  redux-logger.js:1
                  task: "logger"
                  type: "ADD_TASK"
                ▶ __proto__: Object
    next state ▼ {task: "logger", tasks: Array(1)}                   redux-logger.js:1
                  task: "logger"
                ▶ tasks: ["logger"]
                ▶ __proto__: Object
```

図7.3 アクションごとにログが表示されている様子

## loggerミドルウェアの高度な使い方

単にloggerミドルウェアを利用するだけでも十分な情報を得ることができますが、ここで紹介したredux-loggerは設定オブジェクトを渡すことでより細かい表示設定を指定することができます（**リスト7.4**）。設定項目はログレベル、コンソールの折りたたみをするかしないか、ログに表示しないアクションの指定など多数です。詳細についてはGitHubに設定項目や設定の例が記載されています。

● evgenyrodionov/redux-logger:Logger for Redux
URL https://github.com/evgenyrodionov/redux-logger#options

リスト7.4 より細かい表示設定を指定（index.js）

```
import { createStore, applyMiddleware } from 'redux';
// デフォルト設定を利用しない場合はcreateLoggerをインポートします
import { createLogger } from 'redux-logger';

// 高頻度で発生するActionをログに落とさないように例外として指定
const loggerSetting = {
  predicate: (getState, action) => action.type !== 'HIGH_FREQUENCY_ACTION'
};

// 設定を元にloggerミドルウェアを作成
const logger = createLogger(loggerSetting);

const store = createStore(
  reducer,
  applyMiddleware(logger)
);
```

Tips

　createStoreの第二引数にstateの初期値を与える場合、applyMiddlewareは第三引数として与えます。
　JavaScriptにはオーバロードのような機能はありませんが、createStore関数内で引数の種類によって処理を分岐させて直感的に使えるようにしてくれています。

リスト7.5　createStore関数の例

```
const store = createStore(
  reducer,
  { todoList: ['todo1', 'todo2'] },
  applyMiddleware(logger)
);
```

　createStoreの第二引数（あるいは第三引数）は実はapplyMiddlewareだけのためのものではありません。ここではenhancerと呼ばれるReduxを拡張するための関数が入ります。applyMiddlewareもenhancerの1つなのです。Reduxが公式に提供しているenhancerはapplyMiddlewareのみですが、サードパーティがReduxの拡張機能をenhancerとして提供している場合があります。もしapplyMiddleware以外のenhancerを利用する場合、第二引数には1つしか関数を入れることができないので、複数のenhancerを合成する必要があります。合成するために必要なcompose関数をReduxが提供しています。composeも可変長引数を取る関数です。また、compose関数は引数の順番に関数の合成を行います。ReduxはapplyMiddlewareを第一引数に取ることを推奨しています。

リスト7.6　関数の合成

```
import { createStore, applyMiddleware, compose } from 'redux';
import logger from 'redux-logger';
import thirdPartyEnhancer from 'thirdPartyLib';

const store = createStore(
  reducer,
  compose(
    applyMiddleware(logger),
    thirdPartyEnhancer
  )
);
```

## 7.2 Actionのログを表示する Redux Middlewareを作る

ミドルウェアの利用の仕方については前節で学ぶことができました。今回はミドルウェア自体を自分で作ってみたいと思います。実際にミドルウェアを自分で用意するシーンはあまりないかもしれませんが、ミドルウェアの仕組みを理解するためにも一度自分で作ってみることをおすすめします。

### ミドルウェアの仕組み

ミドルウェアはReduxのフローのActionがディスパッチされたタイミングからreducerに処理が移るまでの間の処理を拡張します。言葉では1行ですが、実際にはどのようにして処理を挟み込んでいるのでしょうか。それを確認するために、ミドルウェアがどのような形をした関数なのかを見てみます（**リスト7.7**）。

リスト7.7　ミドルウェアの形

```
const middleware = store => next => action => {
  console.log('ここが「Actionがディスパッチされたタイミングからreducerに処理が移るまでの
間」です');
  const result = next(action);
  return result;
};
```

いかがでしょうか。矢印の多さに面食らってしまったかもしれません。これは、アローファンクションを用いた「resultを返す関数を返す関数を返す関数」であることを示します。誤植ではありませんよ？　アローファンクションではなく通常の関数式を使うと関数を返す部分について少しわかりやすくなります。

リスト7.8　通常の関数式

```
const middleware = function(store) {
  return function(next) {
    return function(action) {
      console.log('ここが「Actionがディスパッチされたタイミングからreducerに処理が移るま
```

```
 での間」です');
       const result = next(action);
       return result;
     }
   }
};
```

ここで改めて登場する引数や返り値について確認してみましょう。登場するのは各関数の store、next、actionと最後の関数で返す返り値resultです。

## ミドルウェア中のstore

storeはReduxのstoreです。createStoreで作成したstore自身を意味します。storeはgetState()、dispatch(action)、subscribe(listener)という3つのメソッドを持つオブジェクトです。3つのうちミドルウェアで主に利用されるのはgetState()とdispatch()でしょう。

getState()はReduxで管理しているすべてのstateを返す関数です。ログを表示するミドルウェアを作成する場合、単にgetState()の返り値をコンソールに表示すると良いでしょう。

dispatch(action)は引数に取ったActionをreducerに伝えるメソッドです。その途中でミドルウェアが動作するのは先にお伝えしたとおりです。ミドルウェアの中で不用意にdispatchを行うと無限ループに陥る可能性があるので注意が必要です（リスト7.9）。

リスト7.9　無限ループに陥る例

```
const middleware = store => next => action => {
  // 無限ループになりますので注意！
  store.dispatch({ type: 'DO_SOMETHING'});
  const result = next(action);
  // 現在のstateを表示
  console.log(store.getState());
  return result;
};
```

## ミドルウェア中のnext

nextには次に処理すべき関数が入っています。ミドルウェアを複数利用する場合、nextには次のミドルウェアが入っています。まだ処理をしていないミドルウェアが1つもない時、nextにはオリジナルのdispatchが入ってるといえます。オリジナルのdispatchとは、ミドルウェアを利用しないでcreateStoreした時のdispatchのことです。オリジナルのdispatchこそ

## 7.2 Actionのログを表示するRedux Middlewareを作る

が引数のactionをreducerに渡す処理を行っています（**リスト7.10**）。

**リスト7.10** ミドルウェア中のnextの例

```
const middleware1 = store => next => action => {
  // ミドルウェア1
  console.log(next);
  return next(action);
};
const middleware2 = store => next => action => {
  // ミドルウェア2
  console.log(next);
  return next(action);
};
const middleware3 = store => next => action => {
  // ミドルウェア3
  console.log(next);
  return next(action);
};

const store = createStore(
  reducer,
  applyMiddleware(middleware1, middleware2, middleware3)
);
```

```
f (action) {
    // ミドルウェア2
    console.log(next);
    return next(action);
  }
f (action) {
    // ミドルウェア3
    console.log(next);
    return next(action);
  }
f dispatch(action) {
    if (!Object(__WEBPACK_IMPORTED_MODULE_0_lodash_es_isPlainObject__["a" /* default */])(action)) {
      throw new Error('Actions must be plain objects. ' + 'Use custom middlewar…
```

**図7.4** ミドルウェア中のnextの例

image middleware1のconsole.logでmiddleware2が表示され、middleware2のconsole.logでmiddleware3が表示され、middleware3のconsole.logでオリジナルのdispatchが表示されていることがわかります（**図7.4**）。

また、ミドルウェアの実行順序がapplyMiddlewareの引数にミドルウェアを与えた順であることもわかります。next()を通してミドルウェアは数珠つなぎにつながっているのです。

### ミドルウェア中のaction

このactionはstore.dispatch()に引数として渡したオブジェクトが入っています。通常はstore.dispatch()には{ type: 'DO_SOMETHING' }といったActionオブジェクトを引数に渡しますが、ミドルウェアによってオブジェクト以外の値を引数に渡した時の処理を追加することができます。次章で解説する非同期処理ではミドルウェアを用いてstore.dispatch()に関数を渡すことで非同期処理を実現しています（第8章）。

注意すべき点として、オリジナルのdispatchにはActionオブジェクトしか渡すことができません。ミドルウェアでstore.dispatch()の引数に関数などを渡せるように拡張したとしても、最終的にstore.dispatch()にはActionオブジェクトが渡るように処理を記述する必要があります。

### ミドルウェアの返り値 result

ミドルウェアは何をreturnすれば良いでしょうか。そもそもミドルウェアは最終的にオリジナルのdispatchを実行するまで（reducerに処理が移るまで、と言い換えてもいいでしょう）の間に任意の処理を挟み込む仕組みです。オリジナルのdispatchは返り値として引数に受け取ったActionオブジェクトを返します。基本的にはこれにならうと良いでしょう。最終的にはオリジナルのdispatchがnext引数に入って実行されるため、その結果をreturnすることでdispatchの挙動に変化なくミドルウェアを実装することができます（リスト7.11）。

リスト7.11 　dispatchの返り値の例

```
const middleware = store => next => action => {
  // nextの結果をreturnする。
  const result = next(action);
  return result;
};
```

しかし、ミドルウェアは必ずしもnext(action)を返さなければならないというわけではありません。必要に応じて任意の値を返すことができます。オリジナルのdispatchは確かにActionオブジェクトを返しますが、dispatchとしての役目はreducerにactionを渡した時点で完了しています。

## ログミドルウェアの実装

ログを取るミドルウェアの仕様を明らかにしましょう。OSSとして公開されているredux-loggerミドルウェアはログの表示の仕方を設定によって変更することができますが、今回作成

するミドルウェアはそこまで高機能ではありません。次の機能のみを実装します。

- Action適用前のstateを表示
- どのようなActionが適用されたのかを表示
- Action適用後のstateを表示
- 特別な値をreturnする必要はない

仕様さえ明らかになってしまえば簡単です。ミドルウェアの基本形を拡張してログミドルウェアを実装します（**リスト7.13**）。

**リスト7.12　ミドルウェアの基本形**

```
// ミドルウェアの基本形
const middleware = store => next => action => {
  const result = next(action);
  return result;
};
```

**リスト7.13　ログミドルウェアの実装（index.js）**

```
// ログミドルウェア
const logger = store => next => action => {
  // Action適用前のstateを表示
  console.log(store.getState());

  // どのようなActionが適用されたのかを表示
  console.log(action);

  const result = next(action);

  // Action適用後のstateを表示
  console.log(store.getState());
  console.log('------------------');

  // 特別な値をreturnする必要はないのでresultをそのまま返す
  return result;
}
```

いかがでしょうか。はじめは難解に見たミドルウェアも、基本を押さえてしまえばそこまで恐れるほどのものではありません。

# 7.3 ミドルウェアのサンプル

## thunkミドルウェア

　thunkという言葉は見慣れない単語かもしれません。考えるという意味の'think'の非標準的な過去形の言葉だそうです。プログラミングの世界では「必要になった時に処理する」という意味で利用されることが多いようです。「サンク」と発音します。

　thunkミドルウェアはredux-thunkという名前でnpmに公開されています（**図7.5**）。非同期処理を実現するミドルウェアで、シンプルなコードながら多くのプロダクションコードでも利用されている最もメジャーなミドルウェアです。redux-thunkミドルウェアを用いた非同期処理については第8章で解説していきます。

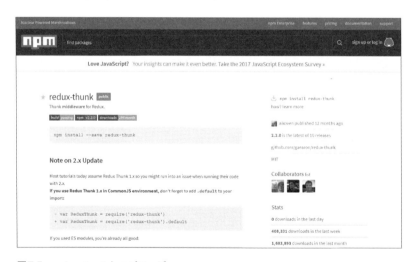

**図7.5** redux-thunkトップページ

　今回はもともとシンプルなthunkミドルウェアを、さらに最低限の機能に絞ったコードを確認しながらミドルウェアという側面からthunkを理解していきます。早速コードを見てみましょう（**リスト7.14**）。

**リスト7.14** ミドルウェアという側面から見たthunk

```
const thunk = store => next => action => {
```

```
  if (typeof action === 'function') {
    return action(store.dispatch, store.getState);
  } else {
    return next(action);
  }
};
```

　Reduxのactionはtypeプロパティを持ったオブジェクトです。store.dispatchはデフォルトでは引数にActionオブジェクトを与えられることを期待しています（**リスト7.15**）。

**リスト7.15　通常のdispatchの例**

```
// 通常のdispatchの例
store.dispatch({ type: 'DO_SOMETHING' });
```

　しかし、thunkミドルウェアを用いることによって、store.dispatchの引数に関数を与えることができるようになります（**リスト7.16**）。

**リスト7.16　thunkミドルウェアを用いてstoreを作成した例**

```
// thunkミドルウェアを用いてstoreを作成した場合、関数を渡すことができるようになる。
store.dispatch((dispatch, getState) => {
  dispatch({ type: DO_SOMETHING });
});
```

　store.dispatchに関数が与えられた場合、next関数を実行する代わりに与えられた関数を実行します。この際、引数にstore.dispatchとstore.getStateを渡しています。actionとして渡した関数内でdispatchを利用することで、任意のタイミングでdispatchを行うことができるようになります。非同期的に実行されるAPIリクエストのコールバックやsetTimeoutの中でもdispatchが実行できます。

　非同期処理を用いたアプリケーションについては第8章で解説します。ここでは**ミドルウェアを用いてstore.dispatchの引数の形を拡張できる**ということを抑えておいてください。

## localStorage

　今まで作成してきたアプリケーションでは状態をどこにも保存していないためページをリロードするとまっさらになってしまいます。Todoアプリもこれではあまり役に立ちそうにあり

ません。そこで、localStorageに現在のstateを保存するシンプルなミドルウェアを書いてみたいと思います。仕様を洗い出してみましょう

- Actionが実行されるたびにstateをローカルストレージに保存する
- ページがロードされた時、ローカルストレージに以前のstateがあればそれを利用する
- シンプルなのでstateやactionのフィルタリングはしない

ミドルウェアとして実装するのは保存する部分だけで良さそうです。早速コードを書いてみます（リスト7.17）。

リスト7.17　localStorageへ保存する部分例

```
const storageMiddleware = store => next => action => {
  const result = next(action);
  window.localStorage.setItem('app-state', JSON.stringify(store.getState()));
  return result;
};
```

Actionが適用された後のstateをstore.getState()で取得し、それをローカルストレージに保存しているだけのシンプルなミドルウェアができました。これを利用するコードも書いてみます（リスト7.18）。

リスト7.18　ローカルストレージを利用するための例

```
const savedState = JSON.parse(localStorage.getItem('app-state'));
const store = createStore(
  reducer,
  savedState ? savedState : reducer(undefined, {type: 'INIT'}),
  applyMiddleware(logger,storageMiddleware)
);
```

ローカルストレージから取得したデータをcreateStore()の第一引数として与えています。また、初回アクセス時などローカルストレージに情報がなかった場合のためにreducerを利用して初期stateを作成して与えています。reducerは第一引数がundefinedの時、各reducerで定義されたinitialStateを返します。また、第二引数にactionを渡しています。ここでは仮にINITというアクションタイプを指定していますが、これは既存のアクションタイプでなければなんでも構いません。単にreducer中のswitch文でエラーを起こさないためだけに指定しています。動作を確認してみましょう。ページをリロードしても前回の状態から始まることが確認できます。

第 8 章

# Reduxの非同期処理

実際にReact/Reduxでアプリケーションを作成する場合、
非同期処理は必ず必要になります。
本章では非同期処理の実装方法から実際に非同期処理を
用いたサンプルアプリケーションを構築します。

## 8.1 非同期処理の基礎

### 非同期処理とは？

Reduxにおける非同期処理の話に入る前に、非同期処理についておさらいしておきましょう。

非同期処理とはその名の通り、同期的ではない処理のことをいいます。同期的な処理とは**書いた順番に実行される処理**ということができます。つまり、非同期処理とは**必ずしも書いた順番には実行されない処理**のことです。簡単な例を見て確認してみましょう（**リスト8.1**）。

**リスト8.1　同期的処理の例**

```
// 同期的な例
console.log('start');
const a = 100;
const b = 200;
const sum = a + b;
console.log(`合計は${sum}`);
console.log('finish');
```

当然実行結果は次の通りです。

**実行結果**

```
start
合計は300
finish
```

非同期処理の例も見てみましょう。非同期処理を行うのに最もお手軽な方法であるsetTimeout()を使います（**リスト8.2**）。

**リスト8.2　非同期処理の例**

```
// 非同期的な例
console.log('start');
setTimeout(() => {
  const a = 100;
```

```
    const b = 200;
    const sum = a + b;
    console.log(`合計は${sum}`);
  }, 1000);
  console.log('finish');
```

実行結果は次の通りです。

実行結果
```
start
finish
合計は300
```

finishが先に表示されました。setTimeout関数中で行われる処理は非同期的に実行されるので処理の完遂を待たずにfinishを表示する行が実行されます。このように、処理の完了を待たずに次の行が実行される処理を非同期処理といいます。結果的に、書いた順番に処理が実行されるとは限らなくなります。setTimeout以外の非同期処理の例として通信を用いたAPIリクエストやデータベースへのアクセスなどがあげられます（※ローカルストレージへのアクセスは同期的に実行されます）。非同期処理が行われた後に任意のコードを実行する方法として、コールバックやPromise、Async/Awaitなどの方法があります。今回のsetTimeoutでは1000ミリ秒遅らせるという処理が終わった後に実行して欲しいコードをコールバックにより渡しています。

## redux-thunkによる非同期処理

前置きが長くなってしまいましたが、Reduxにおける非同期処理について考えてみましょう。アプリケーションを作成する上で非同期処理が登場する場面はいくつかありますが、代表的なのは何かAPIにアクセスする場合でしょう。ReduxではAPIから何かレスポンスが返ってきた場合、これをアクションとして扱うべしというお作法があります。しかしこれを通常のアクションクリエーターで記述しようとするとうまく書けないことに気が付くと思います（リスト8.3）。

リスト8.3　Reduxにおける非同期処理
```
const requestAPI = (parameter) => {
  const response = fetch('http://何らかのAPI', parameter)
```

```
    .then((response) => {
      // ここでリターンしてもうまく動かない
      return {
        type: 'REQUEST_API',
        data: response
      };
    });
};
```

アクション自体は単なるオブジェクトであり、これをstore.dispatch()に与えることでアクションが実行されます。どうにかしてdispatch関数をコード中で使いたい……。ここで、ミドルウェアの出番になります。

### thunkミドルウェア

thunkミドルウェアはReduxで非同期処理を行う代表的なミドルウェアです。第7章の後半でも紹介しましたが、改めて使い方も含めてthunkミドルウェアを紹介します。自作してもいいくらいの軽量なミドルウェアですが、特にオリジナリティが必要なわけでもありませんのでnpmからインストールしましょう。インストールするには次のコマンドを入力します。

```
npm install --save redux-thunk
```

その他のミドルウェアと同様にthunkミドルウェアを適用します（リスト8.4、❶❷）。

リスト8.4　thunkミドルウェアの適用（store.js）

```
// store.js
import { createStore, applyMiddleware } from 'redux';
import logger from 'redux-logger';
import thunk from 'redux-thunk';  ──────────────────────❶
import reducers from './reducers';

const middlewares = [logger, thunk];  ──────────────────❷

const store = createStore(
  reducers,
  applyMiddleware(...middlewares)
);

export default store;
```

## 8.1 非同期処理の基礎

以上で利用準備は完了です。

### 非同期アクション

thunkミドルウェアを適用したことで非同期的に実行されるアクションを書けるようになりました。実際のコードを確認してみましょう（**リスト8.5**）。このコード中ではshortidというOSSを利用しています。ユニークなIDを自動で生成してくれます。npmでインストールしておきましょう。

```
npm install --save shortid
```

リスト8.5 非同期的に実行されるアクションの例

```
import shortid from 'shortid';

import * as types from '../types/todo';

// 同期アクションクリエーター
export function addTodo(title) {                    ──┐
  return {
    type: types.ADD_TODO,
    payload: {
      id: shortid.generate(),
      title,
    },                                                 ❶
  };
}                                                   ──┘


// 非同期アクションクリエーター
export function asyncAddTodo(title) {               ──┐
  return (dispatch, getState) => {
    setTimeout(() => {
      dispatch(addTodo(title));
    }, 1000);                                          ❷
  };
}                                                   ──┘
```

同期アクションクリエーターはこれまでどおりの通常のアクションを返すアクションクリエーターです❶。引数にTodoのタイトルを受け取り、自動採番したIDと共にActionオブ

ジェクトをリターンします。

　非同期アクションクリエーターでは関数をリターンしている点が大きな違いです❷。thunkミドルウェアにより通常のActionオブジェクト以外に関数をリターンできるようになります。ここでリターンした関数はdispatch関数とgetState関数を引数に取ります。非同期であるsetTimeout関数のコールバックでdispatch関数を利用してaddTodoアクションクリエーターの返り値をディスパッチしています。

　dispatch関数を任意のタイミングで利用できるようになったことで非同期処理中にもアクションをディスパッチすることができるようになります。dispatch関数はActionオブジェクトを受け取りさえすれば（他のミドルウェアが特別な処理を行っていなければ）、同期的にreducerに処理を移します。もちろんdispatch関数に更に関数を渡すこともできます。この場合も渡す関数がdispatchとgetStateを引数に取ることは変わりません。Reduxアプリケーションとして、最終的にdispatch関数にActionオブジェクトを渡せばreducerに処理が移るという原則さえ押さえておけばスッキリと理解することができるでしょう。

## thunkとPromise, Async/Await

　コールバックによる非同期処理の扱いは前項の通りです。PromiseとAsync/Awaitを用いた例を紹介します。

### Promise

　Promiseを使うからといって特別なことはありません。例として1000msスリープさせるPromiseを用意しました（**リスト8.6**）。

リスト8.6　Promiseの例

```
const sleep1000ms = () => {
  return new Promise(resolve => {
    setTimeout(() => {
      resolve();
    }, 1000);
  });
};

export function addTodo(title) {
  return {
    type: types.ADD_TODO,
    payload: {
      id: shortid.generate(),
```

```
      title,
    },
  };
}
// Promise版
export function asyncAddTodo(title) {
  return (dispatch) => {
    sleep1000ms().then(() => {
      dispatch(addTodo(title));
    });
  };
}
```

## Async/Await

　Async/Awaitも特別なことはありません。asyncオペレーターの位置をエキスポートする関数ではなく、リターンする関数に付けるところさえ気を付ければ大丈夫でしょう（**リスト8.7**）。

**リスト8.7**　Async/Awaitの例

```
const sleep1000ms = () => {
  ...
};

export function addTodo(title) {
  ...
}
// Async/Await版
export function asyncAddTodo(title) {
  return async(dispatch) => {
    await sleep1000ms();
    dispatch(addTodo(title));
  };
}
```

## 8.2 thunkミドルウェアの便利な使い方

thunkミドルウェアにより非同期処理を扱うことができるようになりましたが、thunkミドルウェアは非同期処理以外にも便利に使うことができます。

 ### 複数のアクションをまとめる

thunkミドルウェアによりdispatch関数を任意のタイミングで呼ぶことができるようになりました。通常のアクションクリエーターでは定義した関数1つに対して1つのActionしかリターンできませんでしたが、それらをまとめて1つのActionとすることができます。Todoを追加した後に入力フォームを空欄にする例を見てみましょう（リスト8.8）。

**リスト8.8** 1つのActionにまとめる

```
function addTodo(title) {
  return {
    type: types.ADD_TODO,
    payload: {
      id: shortid.generate(),
      title,
    },
  };
}
function updateInput(value) {
  return {
    type: types.UPDATE_INPUT,
    payload: {
      value,
    },
  };
}

export function addTodoAndClear(title) {  ──❶
  return (dispatch) => {
    dispatch(addTodo(title));
    dispatch(updateInput(''));
```

};
}
```

実際にReactコンポーネントでボタンにバインドするのはaddTodoAndClearです❶。この1つのアクションクリエーター中でaddTodoとupdateInputの2つのアクションをディスパッチしています。このように1つの操作に対して複数の処理を行いたい時、

- リスト8.8の例のようにアクションクリエーターでまとめる
- 1つのアクションとして記述し、reducerで2つの操作を行う
- 複数のアクションをReactコンポーネントのボタンにバインドする

といった方法が考えられますが、**リスト8.8**のようにアクションクリエーターでまとめるのがベターです。理由は2つあります。

### 1. それぞれのActionについての処理を独立して考えることができる

Todoを追加することとフォームをクリアすることに直接の関係はありません。例えばTodoをコピーするなど、フォームを用いずにTodoを追加する方法を実装したい時addTodo関数については再利用することができそうです。

### 2. アクションクリエーターをユーザ操作と紐付けることができる

アクションクリエーターはContainerコンポーネントからpropsとしてUI要素を持つプレゼンテーショナルコンポーネントに渡されるはずです。この際、プレゼンテーショナルコンポーネントは「このボタンを押すと何が起こるのかはわからないけど、渡された関数を叩けば良い」ように作られているべきです。ボタンを押したら「Todoを追加する関数を叩く」のと「フォームをクリアする関数を叩く」ことをプレゼンテーショナルコンポーネントに書いてしまうと、コンポーネントはビジネスロジックや仕様を反映し、汎用性を失ってしまいます。プレゼンテーショナルコンポーネントは多くを知る必要はないのです。

**リスト8.9** reducerで2つの処理をしてしまう良くない例

```
// action
export function addTodoAndClear(title) {
  return {
    type: types.ADD_TODO_AND_CLEAR,
    payload: {
      id: shortid.generate(),
```
```

```
        title,
      },
    };
}


// reduer
export default function todo(state = initialState, action = {}) {
  switch(action.type) {
    ...
    case types.ADD_TODO_AND_CLEAR: {
      const newTodo = {
        id: action.payload.id,
        title: action.payload.title,
      };
      return Object.assign({}, state, {
        todos: [...state.todos, newTodo],
        inputValue: '',
      });
    }
    default:
      return state;
  }
}
// 複数のアクションをReactコンポーネントのボタンにバインドする良くない例
export default class Todo extends React.Component {
  handleChange = (e) => {
    this.props.updateInput(e.target.value);
  }
  handleClickAddTodoAndClear = () => {
    this.props.addTodo(this.props.todo.inputValue);
    this.props.updateInput('');
  }
  render() {
    const {
      todo: {
        todos,
        inputValue,
      },
    } = this.props;

    return (
      <div>
```

```
        <h1>todoリスト</h1>
        <input type="text" onChange={this.handleChange} value={inputValue} />
        <button onClick={this.handleClickAddTodoAndClear}>todo追加</button>
        <ul>
          {
            todos.map(todo => <li key={todo.id}>{todo.title}</li>)
          }
        </ul>
      </div>
    );
  }
}
```

## getState関数

　thunkミドルウェアにより利用できるようになるのはdispatch関数だけではありません。第二引数にgetState関数を取ることができます。getState関数はstoreが持つ関数と同一で、すべてのstateを返します。アクションクリエーター中でstateの内容を知ることでできることが広がります。すでに登録済みのTodoを追加しないようにするコードを見てみましょう（**リスト8.10**）。

リスト8.10　登録済みのTodoを追加しないようにする

```
export function addUniqueTodo(title) {
  return (dispatch, getState) => {
    const {
      todo: {
        todos,
      },
    } = getState();

    // stateに保存されたTodoに同一のタイトルがあったら登録済み
    const isDuplicated = todos.some(todo => todo.title === title);

    if (isDuplicated) {
      return;
    }
    dispatch(addTodo(title));
```

```
  };
}
```

　getState()の返り値はすべてのstateですので、その中から登録済みのTodoを探すためにtodo一覧(todos)を取得します。todosの中に同一のタイトルを持つデータがあれば重複とみなして何もせずにリターンします。重複がなければアクションをディスパッチしTodoを追加します。

　この操作はreducerでもできると思うかもしれません。確かにreducerでもできますが、アクションクリエーターとして処理すると次のようなメリットがあります。

### 1. すべてのstateを参照できる

　今回の例ではtodoしかないので実感しづらいかもしれませんが、実際にある程度の規模のアプリケーションを作成する場合はアプリケーション全体を複数のreducerで分割します。分割されたreducerは他のreducerが持っているstateを参照することができないため、他のreducerが管理しているstateを用いてアクションの動作を決定したい場合はアクションクリエーターでgetState()を用いるのが良いでしょう。

### 2. Action, reducerの処理を簡潔にさせておく

　「アクションをどうディスパッチするか」の部分をアクションクリエーターとして切り出しておくことで、アクションとそれに対応するreducerの処理を簡潔にすることができます。この章の中でもいろいろな方法でTodoを追加していますが、ADD_TODOアクション自体はただ「Todoを追加する」ことだけに集中しています。APIからTodoを追加するような新たな処理を追加するとしても、ADD_TODOアクションとそれを発行するaddTodoアクションクリエーター自体を修正する必要はないでしょう。同様にreducerも都度修正する必要はなく、どのようにADD_TODOアクションをディスパッチするかの処理を追加するだけで良いのです。

### APIへのリクエスト

　APIリクエストする際に、状態が必要な場合があります。取得済みのデータの続きを取得したい場合（ページング）などです。APIへのリクエストは非同期処理なのでdispatch関数を利用する必要がありますし、どこまで取得しているか、その他APIリクエストに必要なパラメーターを得るためにgetState関数が利用できます。

第9章

# UIをきれいにしよう

Webアプリケーションにおいて、UIをスタイリングし綺麗に整えることはアプリケーションの使いやすさに直結する非常に重要な要素です。本章では、はじめにReactにおける基本的なスタイリングの方法を紹介し、次にUIライブラリを用いて簡単に綺麗なUIを構築する方法を紹介します。そして最後にReactにおけるアニメーションの実装方法について触れていきます。

## 9.1 UIライブラリ

### Reactコンポーネントのスタイリング

まずは、Reactコンポーネントをスタイリングする最も基本的な方法である、**style属性を用いたスタイリング**、**className属性を用いたスタイリング**の2つを紹介します。

#### style属性を用いたスタイリング

ReactではJSXのstyle属性を使うことで、要素に対して直接スタイルを適用することができます。**リスト9.1**のコードは、文字色にblue、文字サイズに20pxを適用するコードの例です。

リスト9.1　要素に対して直接スタイルを適用する例

```
const style = {
  color: 'blue',
  fontSize: '20px',
};

const HelloWorldComponent = () =>
  <div style={style}>Hello World!</div>;
```

JSXのstyle属性はHTMLのstyle属性とは違い、スタイルの指定をJavaScriptのオブジェクトで記述します。オブジェクトのキーにCSSプロパティを、オブジェクトの値にCSSの値を指定します。CSSプロパティはキャメルケースで記述する必要があります。また、値にNumber型を指定した場合には自動的に単位pxが付与されます。px以外の単位を指定する場合は文字列で単位付きの値を指定します。

リスト9.2　JSXのstyle属性の例

```
// 20pxになる
<div style={{ fontSize: 20 }}>
  Hello World!
</div>
```

```
// 2emになる
<div style={{ fontSize: '2em' }}>
  Hello World!
</div>
```

style属性によるスタイリングは、ベンダープレフィックスの付与を自動ではしてくれません。その為、古いブラウザをサポートする際には、**リスト9.3**のようにベンダープレフィックス付きのプロパティを指定する必要があります。

リスト9.3 ベンダープレフィックス付きのプロパティを指定する

```
const style = {
  WebkitTransition: 'all',
  transition: 'all',
};

const HelloWorldComponent = () =>
  <div style={style}>Hello World!</div>;
```

ここまでstyle属性によるスタイリングの説明をしましたが、style属性によるスタイリングを主な手段として使用することは一般的に推奨されていません。

多くの場合、次項で説明するclassName属性を用いたスタイリングのほうが効率的です。一方で、style属性によるスタイリングをより発展させ、JavaScriptによるスタイリングの利点を活かしつつ、かつ効率的にスタイリングする **CSS-in-JS** という手法も存在します。

CSS-in-JSはReactの機能ではなくOSSのライブラリを利用することによって実現します。そして、CSS-in-JSのライブラリは数多く公開されています。本書ではCSS-in-JSの詳細な説明は省略しますが、興味のある方は調べてみると良いでしょう。

## className属性を用いたスタイリングと外部CSSの読み込み

ReactのJSX記法ではHTMLと同じようにclass属性を用いたスタイリングも可能です。ただし、JSXではclassではなくclassNameと指定する必要があることに注意してください。**リスト9.4**のコードはclassName属性を使った例です。

リスト9.4 className属性を使った例

```
const Button = () =>
  <button className="Button">追加</div>;
```

通常、class属性に対応するスタイルの記述は外部CSSファイル内に記述し、**リスト9.5**のようにlink要素で読み込むことが多いかと思います。

リスト9.5　外部CSSファイルをlink要素で読み込む

```
<!-- index.html -->
<link rel="stylesheet" href="style.css">
/* style.css */
.Button {
  background-color: blue;
  border: 1px solid darkblue;
}
```

　一方で、Reactを用いた開発ではJavaScriptからCSSファイルをインポートし、Reactコンポーネントと紐付けて依存関係を管理する手法も一般的になりつつあります。**リスト9.6**のコードは、Buttonコンポーネントが記述された、JavaScriptからButtonコンポーネントのスタイルが記述されたCSSファイルButton.cssを読み込む例です。

リスト9.6　JavaScriptからCSSファイルを読み込む

```
import './Button.css'

const Button = () =>
  <button className="Button">追加</div>;

export default Button;
```

　通常、JavaScriptではCSSファイルをインポートすることはできませんが、webpack、css-loader、style-loaderなどのライブラリを組み合わせて利用することで実現することができます。create-react-appを利用している場合は標準でCSSファイルのインポートがサポートされています。

 **UIライブラリとは**

　本来、UIをゼロから構築しようと思ったときには、構造を担うHTML（JSX）、見た目を担うCSS、振る舞いを担うJavaScriptをそれぞれ自らの手で書く必要があります。
　しかし、すべてのUIをゼロから構築するのは非常に大変な作業です。そういった課題を解

決するために生まれたのがUIライブラリです。最も有名なUIライブラリとしてBootstrapがあります。しかし、Bootstrapは内部でjQueryを使用しており、そのままReactアプリケーションに組み込むには向いていません。

一方で、React登場以降、Reactアプリケーションで用いることを想定したReact向けのUIライブラリが数多く公開されています。その多くはオープンソースソフトウェア（OSS）として公開されており気軽に利用することができます。React向けのUIライブラリには、ボタンやフォームなどの基本的なUIパーツ群がセットになって提供されているものや、モーダルやカレンダーなど単機能なUIパーツを提供するライブラリがあります。

いくつかの特徴的なReact向けUIライブラリをピックアップして紹介します。

- Material-UI（http://www.material-ui.com/）
  Googleのデザインガイドラインであるマテリアルデザインに沿って作られたUIライブラリ。本章ではこのライブラリを例にReact向けUIライブラリの基本的な使い方を説明します。
- React-Bootstrap（https://react-bootstrap.github.io/）
  人気の高いUIライブラリBootstrapをReact向けのUIライブラリとして実装したものです。
- React Desktop（http://reactdesktop.js.org/）
  デスクトップネイティブアプリを開発する際に使われることを想定したReact向けUIライブラリ。JavaScriptでネイティブアプリを開発することができるプラットフォーム（Electronなど）で利用します。
- Onsen UI（https://ja.onsen.io/）
  ネイティブアプリライクなモバイルウェブアプリケーションを構築することに特化したUIライブラリです。

## Material-UI

今回は、React向けUIライブラリの中でも人気の高いMaterial-UIというライブラリを使います（図9.1）。

第9章 UIをきれいにしよう

図9.1　Material-UIトップページ

Material-UIは、Googleのデザインガイドラインであるマテリアルデザインに沿って作られたUIライブラリです。ボタンやフォームなどの基本的なUIパーツが網羅されており、マテリアルデザインに則ったきれいなUIを簡単に実装することができます。

各UIパーツはReactのコンポーネントとして実装されており、props経由でコンポーネントをカスタマイズすることが可能です。さっそくインストールして使ってみましょう。以下のコマンドを実行してインストールします[※1]。

```
$ npm install --save material-ui@1.0.0-beta.30※1
```

　**Material-UIを使ってみる**

ここからは第6章までで作成したToDoアプリケーションをベースにコードを修正していきます。図9.2が、Material-UIを使う前のアプリケーションの状態です（リスト9.7）。

---

※1　Material-UIの最新verは本書執筆時点（2017年12月）ではv1.0.0-beta.30（ベータ版）になります。本書ではそのv1.0.0-beta.30（ベータ版）を使って解説しています。

図9.2　Material-UIを使う前のアプリケーションの状態

リスト9.7　修正する前のTodoApp.js

```
import React from 'react';

export default function TodoApp({ task, tasks, inputTask, addTask }) {
  return (
    <div>
      <input type="text" onChange={(e) => inputTask(e.target.value)} />
      <input type="button" value="add" onClick={() => addTask(task)} />
      <ul>
        {
          tasks.map(function(item, i) {
            return (
              <li key={i}>{item}</li>
            );
          })
        }
      </ul>
    </div>
  );
}
```

さっそくMaterial-UIのコンポーネントを使用してみましょう。

まずはじめにTodo追加ボタンをMaterial-UIの<Button>コンポーネントに置き換えます。
リスト9.8は修正後のコードです。

リスト9.8　material-uiのコンポーネントを使用(TodoApp.js)

```
// src/components/TodoApp.js
import React from 'react';
import Reboot from 'material-ui/Reboot';   ────────────────────┐
import Button from 'material-ui/Button';   ────────────────────┴─❶
```

```
export default function TodoApp({ task, tasks, inputTask, addTask }) {
  return (
    <div>
      <Reboot />
      <input type="text" onChange={(e) => inputTask(e.target.value)} />
      <Button raised color="primary" onClick={() => addTask(task)}>add</Button> ❷
      <ul>
        {
          tasks.map(function(item, i) {
            return (
              <li key={i}>{item}</li>
            );
          })
        }
      </ul>
    </div>
  );
}
```

手順としては2つです。

まずはコンポーネントのインポートです。3、4行目のコードが該当部分になります❶。import構文によって先程インストールしたMaterial-UIのButtonコンポーネントを読み込んでいます。

リスト9.9　Material-UIのコンポーネントを読み込む

```
import Reboot from 'material-ui/Reboot';
import Button from 'material-ui/Button';
```

次にインポートした2つのコンポーネントを配置します。Rebootコンポーネントはいわゆるベーススタイルを読み込むためのコンポーネントであり、ページ全体のスタイルを整える役割を担っています。Rebootコンポーネントの配置はどこでも構いません、今回はルート要素であるdiv要素内の先頭に配置しています。Buttonコンポーネントは<input type="button">と置き換えます。以下が該当部分のコードになります。

リスト9.10　コンポーネントを配置する

```
<Reboot />
<input type="text" onChange={(e) => inputTask(e.target.value)} />
<Button raised color="primary" onClick={() => addTask(task)}>add</Button>
```

図9.3のようにボタンのデザインがMaterial-UIのものに置き換わりました。

図9.3 ボタンのデザインがMaterial-UIに変更

Buttonコンポーネントに指定したprops、raised、onClick、colorはButtonコンポーネントが持つ機能の一部です。このようにprops経由で対象のコンポーネントをカスタマイズして使っていくことになります。

試しに、先程追加したButtonコンポーネントをカスタマイズしてみます。colorのpropsをaccentに書き換えます。

\<Button raised color="accent" onClick={addTask}>add\</Button>

白黒ですとわかりにくいかもしれませんが、ボタンの色が青から赤に変更されます（図9.4）。

図9.4 ボタンの色が青から赤に変更される

Buttonコンポーネントにはこの他にもさまざまなpropsが定義されており、要件に合わせてカスタマイズが可能です。またその他のコンポーネントについても同様に、さまざまなpropsが定義されておりカスタマイズが可能です。

propsの詳細はMaterial-UIの公式サイトのAPIドキュメントから参照することができます。

## その他のコンポーネントを使ってみる

同じ要領でどんどんUIをきれいにしていきましょう。以下が修正後の画面（図9.5）と完成形のコードになります（リスト9.11）。

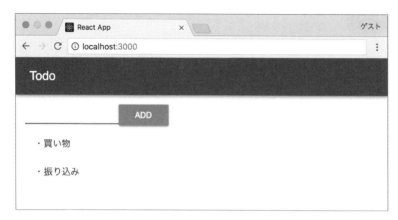

図9.5　Material-UIを使用した後の画面

要点として、以下の修正を行っています。

- ●<AppBar>、<Toolbar>、<Typography>コンポーネントを使用してアプリケーションタイトル「ToDo」を追加❶
- ●テキスト入力フォームの<input type="text">を<Input>コンポーネントに差し替え❷
- ●リスト部分の<ul>、<li>を<List>、<ListItem>、<ListItemText>コンポーネントに差し替え❸——リスト間の余白、文字サイズなどが調整されます。
- ●<div>を追加して余白を調整❹

リスト9.11　Material-UIを使用した後のTodoApp.js

```
// src/components/TodoApp.js
import React from 'react';
import Reboot from 'material-ui/Reboot';
import AppBar from 'material-ui/AppBar';
import Toolbar from 'material-ui/Toolbar';
import Typography from 'material-ui/Typography';
import Button from 'material-ui/Button';
import Input from 'material-ui/Input';
import List, { ListItem, ListItemText } from 'material-ui/List';
```

```
export default function TodoApp({ task, tasks, inputTask, addTask }) {
  return (
    <div>
      <Reboot />
      <AppBar position="static">
        <Toolbar>
          <Typography type="title" color="inherit">
            Todo
          </Typography>
        </Toolbar>
      </AppBar>
      <div style={{ padding: '16px' }}>
        <Input onChange={(e) => inputTask(e.target.value)} />
        <Button raised color="secondary" onClick={addTask}>add</Button>
        <List>
          {
            tasks.map(function(item, i) {
              return (
                <ListItem key={i}>
                  <ListItemText primary={`・${item}`} />
                </ListItem>
              );
            })
          }
        </List>
      </div>
    </div>
  );
}
```

❶ ❷ ❸ ❹

##  9.2　アニメーションを実装する

次は、アプリケーションに簡単なアニメーションを付けてみましょう。

Reactで構築されたアプリケーションをアニメーションされるにはライブラリを用います。Reactのアニメーションライブラリはいくつかありますが、ここではReact公式で提供されているreact-addons-css-transition-groupを使います。

react-addons-css-transition-groupはCSSでアニメーションを制御する非常にシンプルなライブラリです。

それではさっそくアニメーションを付けていきましょう。

前節でMaterial-UIで見た目を整えたToDoアプリケーションにアニメーションを付けていきます。まずは、react-addons-css-transition-groupをインストールします。以下のコマンドを実行してください。

```
$ npm install --save react-addons-css-transition-group
```

次に、［TodoApp.js］を修正します。**リスト9.12**が修正済みのコードです。

**リスト9.12　アニメーションを実装したTodoApp.js**

```
import React from 'react';
import Reboot from 'material-ui/Reboot';
import AppBar from 'material-ui/AppBar';
import Toolbar from 'material-ui/Toolbar';
import Typography from 'material-ui/Typography';
import Button from 'material-ui/Button';
import Input from 'material-ui/Input';
import List, { ListItem, ListItemText } from 'material-ui/List';
import ReactCSSTransitionGroup from 'react-addons-css-transition-group';
import './TodoApp.css';

export default function TodoApp({ task, tasks, inputTask, addTask }) {
  return (
    <div>
      <Reboot />
```

```
      <AppBar position="static">
        <Toolbar>
          <Typography type="title" color="inherit">
            Todo
          </Typography>
        </Toolbar>
      </AppBar>
      <div style={{ padding: '16px' }}>
        <Input onChange={(e) => inputTask(e.target.value)} />
        <Button raised color="secondary" onClick={() => addTask(task)}>❶
add</Button>
        <List>
          <ReactCSSTransitionGroup transitionName="example" transitionEnter❷
Timeout={300}>
            {
              tasks.map(function(item, i) {
                return (
                  <ListItem key={i}>
                    <ListItemText primary={`·${item}`} />
                  </ListItem>
                );
              })
            }
          </ReactCSSTransitionGroup>
        </List>
      </div>
    </div>
  );
}
```

修正した箇所を詳しく見ていきましょう。

10行目ではreact-addons-css-transition-groupをインポートし、アニメーションを適用するためのコンポーネントである<ReactCSSTransitionGroup>を読み込んでいます。

**リスト9.13** react-addons-css-transition-groupのインポート

```
import ReactCSSTransitionGroup from 'react-addons-css-transition-group';
```

11行目では、アニメーションの具体的な内容を記述したCSSファイルをインポートしています❷。このファイルは後ほど作成します。

リスト9.14　CSSファイルをインポートする

```
import './TodoApp.css';
```

27〜39行目では、<List>コンポーネント内で先程インポートした<ReactCSSTransitionGroup>で、<ListItem>コンポーネントを囲みます。

また、<ReactCSSTransitionGroup>にはpropsとしてtransitionNameを指定します（❸）。ここではexampleとしました。この名前はCSSでアニメーションを記述する際のCSSクラス名として用いられます。さらに、transitionEnterTimeoutpropsで出現時のアニメーションにかかる時間を指定しています。

次に、前述したアニメーションの内容を記述するCSSファイルを作成します。
［src/components/ToDoApp.css］を作成し、**リスト9.15**のように記述します。

リスト9.15　CSSファイルの作成（src/components/ToDoApp.css）

```css
.example-enter {
  opacity: 0;
  transform: translateX(100px);
}

.example-enter.example-enter-active {
  opacity: 1;
  transform: translateX(0);
  transition: 300ms ease-in;
}
```

<ReactCSSTransitionGroup>は子要素に要素が追加された際に、自動的にCSSクラスを追加、削除する仕組みになっています。これらのCSSクラスにアニメーションのスタイルを指定することでアニメーションを実現します。今回の場合、CSSクラス名は、example-enter、example-enter-activeになります。exampleの部分にはtransitionNamepropsで指定した名前が適用されます。example-enterにはアニメーションが開始時のスタイル、example-enter-activeにはアニメーション終了時のスタイルと、transitionプロパティでアニメーションの指定を行います。

今回は、右から左にスライドしながらフェードインするアニメーションを記述しています（今回のコードでは使っていませんが、要素が削除された際にアニメーションさせたい場合はexample-leave、example-leave-activeを用います）。

9.2 アニメーションを実装する

図9.6　アニメーションの実現

第 10 章
# より実践的な
# アプリケーションを作ろう

この章では、
もう少し複雑なアプリケーションの開発を通して、
React・Reduxをより深く学びましょう。

## 10.1 アプリケーション作成の準備

これまでの章ではTodoアプリを題材に、React・Reduxの基礎や、Material-UIを使ったリッチなUIの実装について解説しました。しかし、Todoアプリは、サーバにデータを送受信するなどの非同期処理がないですし、1ページで完結しており、実際のアプリケーションと比較すると非常に単純で少し物足りないのではないでしょうか？この章では、もう少し複雑なアプリケーションの開発を通して、React・Reduxをより深く学びましょう。

 **作成するアプリケーション**

Yahoo!ショッピングのカテゴリランキングAPIを使って、人気のある商品をカテゴリー別に表示するアプリケーションを作成します。ページはトップページ、総合ランキングページ、各カテゴリーのランキングページの3種類です。これだけ聞くと「なんだ、Todoアプリとたいして変わらないじゃないか」と思われるかもしれませんが、非同期処理とページルーティングが入るだけでアプリケーションの複雑さはぐっと高まります。このアプリケーションを、実際の開発のように段階的に作りながら解説します。

URLのパスと各ページの対応は以下のとおりです。

表10.1　URLのパスと各ページの対応

| URL | ページ |
| --- | --- |
| / | トップページ |
| /all | 総合ランキングページ |
| /category/${カテゴリのID} | 各カテゴリのページ |

10.1 アプリケーション作成の準備

## 事前準備

### Yahoo!デベロッパーネットワークのアプリケーションIDを取得

Yahoo!ショッピングのランキングAPIを利用するには、Yahoo!デベロッパーネットワークから取得したアプリケーションIDが必要です。アプリケーションIDはYahoo!デベロッパーネットワークのダッシュボード（https://e.developer.yahoo.co.jp/dashboard/）から取得できます（図10.1）。

図10.1　Yahoo!デベロッパーネットワーク

第10章　より実践的なアプリケーションを作ろう

　まず、Yahoo! JAPAN IDを作成します。Yahoo! JAPAN IDを持っていない場合（もしくは、未ログインの場合）にYahoo!デベロッパーネットワークのダッシュボードにアクセスすると、ヘッダー部分に「新規登録」のリンクが表示されます。そのリンクから登録ページに遷移後（図10.2）、必要な情報を入力しYahoo！JAPAN IDを作成してください（既にYahoo! JAPAN IDを持っている場合はこの作業は不要です）。

図10.2　Yahoo! JAPAN IDの登録画面

Yahoo! JAPAN IDを作成できたら、ダッシュボードの「新しいアプリケーションの開発」ボタンから、アプリケーション登録ページに遷移します。各入力項目については以下を参考に入力してください。任意項目については、入力しなくても構いません。

- アプリケーションの種類（必須）
  「クライアントサイド（Yahoo! ID連携v2）」を選択してください。
- 連絡先メールアドレス（必須）
  Yahoo! JAPAN IDに紐付いているメールアドレスがプルダウンで表示されるので、好きなメールアドレスを選択してください。
- アプリケーション名（必須）
  Yahoo! JAPAN IDの認証を利用しないため、アプリケーション名が表示されるタイミングがありません。適当に入力しても問題ないです。
- サイトURL（必須）
  アプリケーションを公開するURL。ローカル環境で確認する場合は、デフォルトの「http://example.com」のままで問題ありません。

アプリケーション登録ページで必要な情報を入力し登録を完了すると、アプリケーションIDが発行されます。登録完了画面の「Client ID:」の部分に表示されている文字列がアプリケーションIDです（図10.3）。また、登録が完了するとダッシュボードにそのアプリケーションが表示されますので、そこから同じ情報を確認できます。

第10章　より実践的なアプリケーションを作ろう

図10.3　アプリケーションの登録完了画面

##  Yahoo!ショッピングのカテゴリランキングAPIの仕様

利用するYahoo!ショッピングのカテゴリランキングAPIの仕様は、Yahoo!デベロッパーネットワーク上に公開されています（図10.4）。

### ● Yahoo!ショッピングのカテゴリランキングAPIの仕様
URL　https://developer.yahoo.co.jp/webapi/shopping/shopping/v1/categoryranking.html

10.1 アプリケーション作成の準備

図10.4 Yahoo!ショッピングのカテゴリランキングAPIの仕様

　対応しているレスポンスのフォーマットはXML、PHPserialize、JSONPの3つです。ブラウザのクロスオリジン制約を越えるために、今回はJSONPを選択します。リクエストURLは、レスポンスのフォーマットによって異なります。JSONPの場合は「https://shopping.yahooapis.jp/ShoppingWebService/V1/json/categoryRanking」です。

　作成するアプリケーションで利用するリクエストパラメタは、以下のとおりです。1回のリクエストで20位まで取得できます。今回は利用しませんが、offsetパラメタを使うと21位以降も取得できます。

- appid（必須）
　先ほど取得したアプリケーションID
- category_id
　取得するランキングのカテゴリID。例えば、"13457"は「ファッション」、"2502"は「パソ

コン、周辺機器」です。未指定または1の場合は、総合ランキングを返します。callback
- Callback

　JSONPのコールバック関数名

　カテゴリIDのリストを取得するためにカテゴリID取得API（仕様ページ：https://developer.yahoo.co.jp/webapi/shopping/shopping/v1/categorysearch.html）がありますが、今回は［すべてのカテゴリ］、［パソコン、周辺機器］、［本、雑誌、コミック］のランキングだけを表示するので、利用しません。それらのカテゴリIDはソースコードにハードコートします。

　レスポンスの構造は表10.2のようになっています（リスト10.1）。

表10.2　レスポンスの構造

| レスポンス構造のパス | データの説明 |
| --- | --- |
| ResultSet.totalResultsAvailable | データの総件数（レスポンスにない商品も含む） |
| ResultSet.firstResultPosition | レスポンスされたデータのスタート位置 |
| ResultSet.totalResultsReturned | レスポンスされた商品数 |
| ResultSet["0"][N] | N＋1位の商品の情報 |
| ResultSet["0"][N].Name | N＋1位の商品の商品名 |
| ResultSet["0"][N].Code | N＋1位の商品の商品コード |
| ResultSet["0"][N].Url | N＋1位の商品の商品ページのURL |
| ResultSet["0"][N].Image.Small | N＋1位の商品の画像URL |

リスト10.1　レスポンスの構造

```
{
  "ResultSet": {
    "totalResultsAvailable": "100",   // データの総件数
    "firstResultPosition": "1",       // レスポンスされたデータのスタート位置
    "totalResultsReturned": 20,       // レスポンスされた商品数
    "0": {
      "Result": { …レスポンスに関する情報… },
      // 1位の商品
      "0":{
        "Name": "商品名",
        "Code": "商品コード",
        "Url": "商品URL",
        "Image": {
          "Id": "画像ID",
          "Small": "画像URL(サイズ小)",
```

```
          "Medium": "画像URL(サイズ中)"
        },
        "Review": { …レビューに関する情報… },
        "Store": { …ストアに関する情報… },
        …
      },
      // 2位の商品
      "1": { …省略… },
      …
    }
```

かいつまんで説明しましたが、さらに詳しく知りたい場合やうまくいかない場合は仕様ページを参照してください。仕様ページを見てもよくわからない場合は、以下のようにcurlコマンドやブラウザを使って、実際にリクエストしてみることをおすすめします。

```
# curlコマンドで試す
# ファッションカテゴリ（category_id=13457）のランキングを取得
$ curl -k "https://shopping.yahooapis.jp/ShoppingWebService/V1/json/categoryRanking?appid=アプリケーションID&category_id=13457&callback=jsonpCallback"
/* */jsonpCallback({ …省略… });
```

## 10.2 アプリケーションを作ろう

 **アプリケーションの雛形を作成**

これまでのサンプルコードと同様に、create-react-appで生成した雛形をベースにアプリケーションを開発します。

```
# create-react-appで雛形を作成
$ create-react-app yahoo-shopping-ranking
…出力は省略…

# 特に記述がなければ、この後のコマンドはこのディレクトリで実行します
$ cd yahoo-shopping-ranking
```

npmで、prop-typesをインストールします。デバッグが容易になるので、コンポーネントのpropTypesはできる限り定義します。

```
# prop-typesをインストール
$ npm install --save prop-types
```

npm startでアプリケーションを起動しておきましょう。

```
# アプリケーションの起動
$ npm start
```

 **ファイル・ディレクトリ構成**

まず、ファイルとディレクトリの構成を考えます。ファイル・ディレクトリ構成にはいくつかパターンがありますが、とりあえず以下のようにcreate-react-appで生成されるファイルをそのまま使いつつ役割ごとにディレクトリを分けるようにします。

```
● src/
  ├ index.js ········· エントリポイント
  ├ App.js ·········· ルートコンポーネント
  ├ components/ ············ コンポーネント
  ├ containers/ ··· Container コンポーネント
  ├ actions/ ········ Redux の ActionCreator
  └ reducers/ ······ Redux の Reducer
```

　ファイル・ディレクトリ構造に関しては、アプリケーションの開発が進みファイル数が増え、都合が悪くなった時に再考すればよいので、ここで長く悩む必要はありません（React公式ドキュメントの「File Structure」のページにも「ファイル構成を考えるのに5分以上時間を割くのはやめましょう」と書いています）。

　先にディレクトリだけ作っておきましょう。

```
# ディレクトリの作成
$ mkdir -p \
    src/components \
    src/containers \
    src/actions \
    src/reducers
```

 ## Reduxの導入

　Reduxを導入します。必要になったタイミングで導入する方法もありますが、開発が進めば進むほど導入コストが高くなります。Reduxを使うことが決まっている場合は空のStoreでいいので早い段階で導入しておきましょう。

　まず、npmでredux、react-redux、redux-loggerをインストールします。redux-loggerは任意ですが、Redux Middlewareの設定を先にやっておきたいのと、デバッグが容易になるのでインストールします。

```
# redux、react-redux、redux-loggerのインストール
$ npm install --save redux react-redux redux-logger
```

　ReduxのStoreを作成するのにReducerが必要なので、［src/reducers/index.js］にReducer

を追加します。この時点では、何もしないReducer（stateを受け取ってstateを返す）を定義しておきます。1つのReducerでアプリケーションが完結することはほぼないので、［src/reducers/index.js］に各Reducerの参照を束ねて、import * as reducers from './reducers'でまとめてimportできる作りにしておきます（**リスト10.2**）。

**リスト10.2**　src/reducers/index.js

```
// 何もしないReducer
export const noop = (state = {}) => state;
```

［src/index.js］に、reduxのcreateStore関数でStoreを生成し、react-reduxのProviderコンポーネントでAppコンポーネントに紐付ける処理を記述します（**リスト10.3**）。createStore関数実行時にReducerとRedux Middlewareの設定を行います。

**リスト10.3**　Appコンポーネントに紐付ける処理（src/index.js）

```
import React from 'react';
import ReactDOM from 'react-dom';
import { createStore, combineReducers, applyMiddleware } from 'redux'; // 追加
import logger from 'redux-logger'; // 追加
import { Provider } from 'react-redux'; // 追加
import App from './App';
import * as reducers from './reducers'; // 追加

// Storeの生成
const store = createStore(
  // 1つのReducerで完結することはほぼ無いので、
  // 最初からcombineReducersを使う実装にしておく
  combineReducers(reducers),
  // Redux Middlewareにredux-loggerを設定
  applyMiddleware(logger)
);

ReactDOM.render(
  // StoreをAppコンポーネントに紐付け
  <Provider store={store}>
    <App />
  </Provider>,
  document.getElementById('root')
);
```

ここまで実装したら、ブラウザでエラーが表示されていないことを確認しましょう。

## ページルーティングの導入

Reduxの次にアプリケーション全体の設計への影響が大きいページルーティングを導入します。ReduxとReact Router[1]を組み合わせて利用する場合、インストールするパッケージが多く（と言っても3つですが）、ReduxとReact Routerを接続するためのコードがそれなりにボリュームがあるので、アプリケーションが小さいうちにちゃちゃっと導入することをおすすめします。

まず、npmでreact-router-dom、history、react-router-reduxをインストールします（執筆時点では、react-router-reduxのバージョンをnextに指定してインストールしないと、react-router-domの最新バージョンに合ったバージョンがインストールできないので注意してください）。

```
# react-router-dom, history, react-router-reduxのインストール
$ npm install --save react-router-dom history react-router-redux@next
```

react-router-reduxを導入すると、ReduxのStoreを生成する処理が少し複雑になるので、［src/createStore.js］に切り出します（**リスト10.4**）。combineReducer関数にrouterReducerを追加することで、ルーティングの状態をReduxに同期します。また、routerMiddlewareをRedux Middlewareに追加すると、ReduxのActionとしてページルーティングの制御ができるようになります。非同期処理の結果に応じて遷移するページを変更する場合などに有用です。

**リスト10.4** Storeを生成する処理の切り出し（src/createStore.js）

```js
import {
  // 名前が被ってしまうので別名でimportする
  createStore as reduxCreateStore,
  combineReducers,
  applyMiddleware
} from 'redux';
import logger from 'redux-logger';
import { routerReducer, routerMiddleware } from 'react-router-redux';

import * as reducers from './reducers';

// historyはsrc/index.jsから渡すようにする
export default function createStore(history) {
  return reduxCreateStore(
    combineReducers({
```

---

[1] 本書のreact-routerのバージョンは4.2系です。

```
    ...reducers,
    // react-router-reduxのReducer
    router: routerReducer,
  }),
  applyMiddleware(
    logger,
    // react-router-reduxのRedux Middleware
    routerMiddleware(history)
  )
 );
}
```

[src/index.js]を以下のように修正します（**リスト10.5**）。

- historyのインスタンスを生成する
- 今回はHTML5 history APIを利用するBrowserHistoryを選択
- src/createStore.jsに定義したcreateStore関数を使ってStoreを生成する
- ConnectedRouterコンポーネントでAppコンポーネントを覆う
- 不要になったimport文を削除

**リスト10.5**　srcindex.jsの修正

```
import React from 'react';
import ReactDOM from 'react-dom';
// 削除: import { createStore, combineReducers } from 'redux';
// 削除: import logger from 'redux-logger';
import { Provider } from 'react-redux';
import { ConnectedRouter } from 'react-router-redux'; // 追加
import createBrowserHistory from 'history/createBrowserHistory'; // 追加
import App from './App';
// 削除: import * as reducers from './reducers';
import createStore from './createStore'; // 追加

// historyのインスタンスを生成
const history = createBrowserHistory();

// Storeの生成
const store = createStore(history);

ReactDOM.render(
  <Provider store={store}>
```

```
      {/*
        Linkコンポーネントなどが動作するように
        react-router-domのRouterではなく
        react-router-reduxのConnectedRouterを使う
      */}
      <ConnectedRouter history={history}>
        <App />
      </ConnectedRouter>
    </Provider>,
    document.getElementById('root')
);
```

大きく修正したので、ブラウザを見て、エラーが出ていないことを確認しましょう。

## ページルーティングを実装

React Routerの導入が終わりましたので、ページルーティングを実装し、各ページを行き来できるようにしましょう。

総合ランキングページとカテゴリ別のページは、Yahoo!ショッピングのランキングAPIの結果を表示するのとほぼ同じ構成のページなので、どちらのページもRankingコンポーネントで表示するようにします。とりあえず、props.categoryIdを受け取って表示するコンポーネントを［src/components/Ranking.js］に定義します（**リスト10.6**）。

**リスト10.6** props.categoryIdを受け取って表示する（src/components/Ranking.js）

```
// src/components/Ranking.js
import React from 'react';
import PropTypes from 'prop-types';

export default function Ranking({ categoryId }) {
  // 最終的にはcategoryIdを元にAPIから情報を取得したい
  return (
    <div>
      <h2>Rankingコンポーネント</h2>
      <p>カテゴリーID: {categoryId}</p>
    </div>
  )
}
Ranking.propTypes = {
```

```
    categoryId: PropTypes.string
};
Ranking.defaultProps = {
    // categoryId=1は総合ランキング
    categoryId: '1'
};
```

　ルーティングの設定は、[src/App.js]に記述します（**リスト10.7**）。以下のサンプルコードのように、react-router-domのSwitchコンポーネント、Routeコンポーネントを使って、総合ランキングのルートと、各カテゴリランキングのルートを追加します。各カテゴリランキングのRouteコンポーネントのprops.pathは"/category/:id"を設定し、match.params.idでURLに含まれるカテゴリIDが取得できるようにします。また、props.componentではなくprops.renderを使うことで、Rankingコンポーネントに最低限必要な値（カテゴリID）だけを渡すような作りにしました。カテゴリIDが"1"の場合にAPIは総合ランキングを返すため、/category/1と/allは同じ内容を表示することになります。同じ内容のページのURLが2つあるのはSEO的によくないので、/category/1を/allにリダイレクトするように設定します。各ページへのリンクがないとページにたどり着けないので、Linkコンポーネントでナビゲーションを表示します（カテゴリ名、カテゴリIDの一覧はカテゴリID取得APIで取得できますが、今回は説明を省くためにハードコートします）。

**リスト10.7**　ルーティングの設定（src/App.js）

```
import React, { Component } from 'react';
import { Route, Link } from 'react-router-dom';
import Ranking from './components/Ranking'

class App extends Component {
  render() {
    return (
      <div className="App">
        {/* カテゴリ名・IDはハードコート */}
        <ul>
          <li><Link to="/all">すべてのカテゴリ</Link></li>
          <li><Link to="/category/2502">パソコン、周辺機器</Link></li>
          <li><Link to="/category/10002">本、雑誌、コミック</Link></li>
        </ul>

        {/* 総合ランキングのルート */}
        <Route path="/all" component={Ranking} />
```

```
        {/* 各カテゴリのランキングのルート */}
        <Route
          path="/category/:id"
          render={
            ({ match }) => <Ranking categoryId={match.params.id} />
          }
        />
      </div>
    );
  }
}

export default App;
```

表示を確認してみましょう。今まではcreate-react-appが生成するページが表示されていましたが、図10.5のようなリスト要素でリンクがあるだけの質素なページに変わったはずです。

図10.5 トップページ

リンクをクリックするとページが遷移し、Rankingコンポーネントとカテゴリ IDが表示されます（図10.6）。

図10.6 すべてのカテゴリをクリックした後の表示

##  非同期処理の実装

Rankingコンポーネントに、APIから取得したデータを表示しましょう。

まず、npmでredux-thunk、fetch-jsonp、qsをインストールします。redux-thunkを使った非同期処理については第8章で解説しました。fetch-jsonpは、XMLHttpRequestの後継であるfetch関数と同じインターフェースでJSONPのAPIと通信できるライブラリです。qsは、URLのクエリ文字列（?以降に付くkey1=value&key2=valueのような文字列）を扱うライブラリです。JSONPやクエリ文字列の処理を自前で実装すると面倒ですしアプリケーションの本質ではないので、今回はOSSを活用します。

```
# redux-thunk, fetch-jsonp, qsのインストール
$ npm install --save redux-thunk fetch-jsonp qs
```

［src/createStore.js］を修正し、Redux Middlewareにredux-thunkを追加します（**リスト10.8**）。

**リスト10.8** redux-thunkの追加（src/createStore.js）

```
import {
  createStore as reduxCreateStore,
  combineReducers,
  applyMiddleware
} from 'redux';
import logger from 'redux-logger';
import thunk from 'redux-thunk'; // 追加
import { routerReducer, routerMiddleware } from 'react-router-redux';

import * as reducers from './reducers';

export default function createStore(history) {
  return reduxCreateStore(
    combineReducers({
      ...reducers,
      router: routerReducer,
    }),
    applyMiddleware(
      logger,
      thunk, // 追加
      routerMiddleware(history)
```

```
      )
    );
}
```

　では、APIからデータを取得しReduxのStoreを経由してRankingコンポーネントに表示する処理を実装していきます。どこから作るか悩みますが、RankingコンポーネントからActionを呼び出すところから作りましょう。ページに遷移したタイミングでデータを取得したいので、RankingコンポーネントのcomponentWillMountにフックしてActionを呼び出します。加えて、componentWillReceivePropsでカテゴリIDに変更があった場合にも、Actionを呼び出すようにします。理由は、総合ランキングページから各カテゴリページに遷移する場合、Rankingコンポーネントは表示されたままなので、componentWillMountが実行されないからです。Rankingコンポーネントを、componentWillMount時にはprops.onMountを、componentWillReceiveProps時にprops.onUpdateを呼び出すように修正します（**リスト10.9**）。また、RankingコンポーネントはFunctional Componentでしたが、ライフサイクルメソッドを利用するのでClass Componentに書き換えます（Functional Component、Class Componentについては第4章で解説）。

リスト10.9　Functional Componentを書き換え（src/components/Ranking.js）

```
import React from 'react';
import PropTypes from 'prop-types';

// ライフサイクルメソッドを使うのでclassに変更
export default class Ranking extends React.Component {
  // componentWillMount, componentWillReceivePropsを追加
  componentWillMount() {
    this.props.onMount(this.props.categoryId);
  }
  componentWillReceiveProps(nextProps) {
    if (this.props.categoryId !== nextProps.categoryId) {
      // props.categoryIdに変化があるので、ページ遷移が発生している
      this.props.onUpdate(nextProps.categoryId);
    }
  }

  render() {
    return (
      <div>
        <h2>Rankingコンポーネント</h2>
```

```
      <p>カテゴリーID: {this.props.categoryId}</p>
    </div>
   );
  }
}
Ranking.propTypes = {
  categoryId: PropTypes.string,
  // onMount, onUpdateを追加
  onMount: PropTypes.func.isRequired,
  onUpdate: PropTypes.func.isRequired
};
Ranking.defaultProps = {
  categoryId: '1'
};
```

　src/actions/Ranking.jsにActionCreatorを定義します（**リスト10.10**）。Rankingコンポーネントのprops.onMount、props.onUpdateが呼び出された時に実行するfetchRanking、リクエスト開始、レスポンス受信、リクエスト完了のActionを生成するstartRequest、receiveData、finishRequestをそれぞれ定義します。fetchRankingは、redux-thunkを使った非同期処理です。

**リスト10.10**　ActionCreatorの定義（src/actions/Ranking.js）

```
import fetchJsonp from 'fetch-jsonp';
import qs from 'qs';

const API_URL = 'https://shopping.yahooapis.jp/ShoppingWebService/V1/json/↩
categoryRanking';
// さきほど取得したアプリケーションIDを記述
const APP_ID = 'Yahoo!デベロッパーネットワークのアプリケーションID';

// リクエスト開始
const startRequest = categoryId => ({
  type: 'START_REQUEST',
  payload: { categoryId },
});
// レスポンス受信
const receiveData = (categoryId, error, response) => ({
  type: 'RECEIVE_DATA',
  payload: { categoryId, error, response },
});
```

```js
// リクエスト完了
const finishRequest = categoryId => ({
  type: 'FINISH_REQUEST',
  payload: { categoryId },
});

// ランキングを取得する
export const fetchRanking = categoryId => {
  // redux-thunkを使った非同期処理
  return async dispatch => {
    dispatch(startRequest(categoryId));

    const queryString = qs.stringify({
      appid: APP_ID,
      category_id: categoryId,
    });

    try {
      const responce = await fetchJsonp(`${API_URL}?${queryString}`);
      const data = await responce.json();
      dispatch(receiveData(categoryId, null, data));
    } catch (err) {
      dispatch(receiveData(categoryId, err));
    }
    dispatch(finishRequest(categoryId));
  };
};
```

定義したActionCreatorをRankingコンポーネントのprops.onMountedから呼び出すために、[src/containers/Ranking.js] にRankingコンポーネントのContainer Componentを定義します（Container Componentについては第5章で解説）。mapDispatchToPropsで、props.onMountedとactions.fetchRankingを接続します。mapStateToPropsは、Reducerを定義するまでの仮実装です（**リスト10.11**）。

**リスト10.11** Container Componentを定義（src/containers/Ranking.js）

```js
import { connect } from 'react-redux';
import Ranking from '../components/Ranking';
import * as actions from '../actions/Ranking';

// Reducerを定義後に実装します
```

```
const mapStateToProps = (state, ownProps) => ({
  categoryId: ownProps.categoryId
});

const mapDispatchToProps = dispatch => ({
  // onMountとonUpdateをfetchRankingを接続
  onMount (categoryId) {
    dispatch(actions.fetchRanking(categoryId));
  },
  onUpdate (categoryId) {
    dispatch(actions.fetchRanking(categoryId));
  }
});

export default connect(mapStateToProps, mapDispatchToProps)(Ranking);
```

定義したContainer Componentを使用するように、[src/App.js]を修正します（**リスト10.12**）。

**リスト10.12** 定義したContainer Componentを使用できるようにする（src/App.js）

```
import React, { Component } from 'react';
import { Route, Link } from 'react-router-dom';

// Container Componentに差し替える
// import Ranking from './components/Ranking';
import Ranking from './containers/Ranking';

class App extends Component {
    …変更なしなので割愛…
}

export default App;
```

ここまでできたら、一度ブラウザで確認しましょう。表示は変わっていませんが、redux-loggerがコンソールに流れてきたActionのログを出力しています。ランキングページを開くと、コンソールに［src/actions/Ranking.js］に定義したAction（START_REQUEST、RECEIVE_DATA、FINISH_REQUEST）のログが出力されているのが確認できます（**図10.7**）。

**図10.7** コンソールにRankingのActionのログが出力されている

## Reducerの実装

最後に、Reducerを実装し、取得したデータを画面に表示しましょう。以下の2つのReducerを作成します。

- - src/reducers/shopping.js
  カテゴリ名・カテゴリIDを保持する。ランキングページにもカテゴリ名を表示したいので、src/App.jsのハードコートをこちらに移動する
- - src/reducers/Ranking.js
  Rankingコンポーネント用のReducer。ランキング情報を保持する

［src/reducers/shopping.js］は、ハードコートなので固定のJSONを常に返すReducerにします（リスト10.13）。このアプリケーションではこれ以上実装しませんが、本来はハードコートではなくカテゴリID取得APIから取得した情報を保持すべきです。

**リスト10.13** JSONを常に返すReducer（src/reducers/shopping.js）

```
const initialState = {
  // カテゴリ情報
  // 本来はカテゴリID取得APIで取得すべき
```

```
  categories: [
    {
      id: '1',
      name: 'すべてのカテゴリ'
    },
    {
      id: '2502',
      name: 'パソコン、周辺機器'
    },
    {
      id: '10002',
      name: '本、雑誌、コミック'
    }
  ]
};

export default () => initialState;
```

　[src/reducers/Ranking.js]は、[src/actions/Ranking.js]のSTART_REQUESTにフックしてリクエスト開始時に状態をリセットします。また、RECEIVE_DATAにフックしてレスポンスからランキング情報を取得し状態へ設定、または、リクエストが失敗している場合はエラーフラグを立てます（**リスト10.14**）。getRanking関数は、レスポンスから商品名、商品URL、商品画像のURLを抜き出しています。

**リスト10.14**　リクエスト開始時に状態をリセットする（src/reducers/Ranking.js）

```
// レスポンスからランキング情報だけを抜き出す
const getRanking = response => {
  const ranking = [];
  const itemLength = response.ResultSet.totalResultsReturned
  for (let index = 0; index < itemLength; index++) {
    const item = response.ResultSet['0'].Result[index + ''];
    ranking.push({
      code: item.Code,
      name: item.Name,
      url: item.Url,
      imageUrl: item.Image.Medium
    })
  }
  return ranking;
};
```

```
// 初期状態
const initialState = {
  categoryId: undefined,
  ranking: undefined,
  error: false
};

export default (state = initialState, action) => {
  switch (action.type) {
    // リクエスト開始時に状態をリセット
    case 'START_REQUEST':
      return {
        categoryId: action.payload.categoryId,
        ranking: undefined,
        error: false
      };

    // データ受信
    case 'RECEIVE_DATA':
      return action.payload.error
        ? { ...state, error: true }
        : {
            ...state,
            ranking: getRanking(action.payload.response)
          };

    default:
      return state;
  }
}
```

2つのReducerへの参照を［src/reducers/index.js］に追加します（**リスト10.15**）。

**リスト10.15** 2つのReducerへの参照（src/reducers/index.js）

```
export { default as shopping } from './shopping';
export { default as Ranking } from './Ranking';
```

これでStoreの状態にデータが溜まるようになったので、そのデータをコンポーネントに表示しましょう。まず、［src/App.js］の各ランキングページへのリンクをNavコンポーネントに切り出し、ハードコートしている部分をStoreの状態（state.shopping.categories）から取得す

るように修正します（**リスト10.16**）。Navコンポーネントは、[src/components/Nav.js]に以下の内容で作成します。遷移先パスは、カテゴリIDが"1"の場合は総合ランキングなので/allに、それ以外は/category/カテゴリIDにします。

リスト10.16　データをコンポーネントに表示する（src/components/Nav.js）

```js
import React from 'react';
import PropTypes from 'prop-types';
import { Link } from 'react-router-dom';

export default function Nav({ categories }) {
  // 遷移先パスの生成
  //   - カテゴリIDが"1"の場合は /all
  //   - それ以外は /category/カテゴリID
  const to = category => (
    category.id === '1'
      ? '/all'
      : `/category/${category.id}`
  );

  return (
    <ul>
      {/* props.categoriesからリンク一覧を生成 */}
      {categories.map(category => (
        <li key={`nav-item-${category.id}`}>
          <Link to={to(category)}>
            {category.name}
          </Link>
        </li>
      ))}
    </ul>
  );
}
Nav.propTypes = {
  // state.shopping.categoriesの構造
  categories: PropTypes.arrayOf(
    PropTypes.shape({
      id: PropTypes.string.isRequired,
      name: PropTypes.string.isRequired
    })
  ).isRequired
};
```

NavコンポーネントのContainer Componentを［src/containers/Nav.js］に作成します（リスト10.17）。ここで、state.shopping.categoriesとNavコンポーネントのprops.categoriesを紐付けます。

リスト10.17　コンポーネントを紐付ける（src/containers/Nav.js）

```
import { connect } from 'react-redux';
import Nav from '../components/Nav';

const mapStateToProps = state => ({
  // state.shopping.categoriesをprops.categoriesに紐付け
  categories: state.shopping.categories
});

export default connect(mapStateToProps)(Nav);
```

Appコンポーネントに、NavコンポーネントのContainer Componentを表示します（リスト10.18）。

リスト10.18　Container Componentを表示（src/App.js）

```
import React, { Component } from 'react';
import { Switch, Route, Redirect } from 'react-router-dom';
import Ranking from './containers/Ranking';
import Nav from './containers/Nav'; // 追加

class App extends Component {
  render() {
    return (
      <div className="App">
        {/* 差し替え */}
        <Nav />

        <Switch>
          <Route path="/all" component={Ranking} />
          <Route
            path="/category/1"
            render={() => <Redirect to="/all" />}
          />
          <Route
            path="/category/:id"
            render={
```

```
              ({ match }) => <Ranking categoryId={match.params.id} />
            }
          />
        </Switch>
      </div>
    );
  }
}

export default App;
```

見た目は変わりませんが、ナビゲーションのデータはReduxのStoreから取得することができました。次に、ランキングページに3つの機能追加を行います。

1. state.shopping.categoriesに無いカテゴリIDへのアクセスは、トップページにリダイレクトする
2. 「(カテゴリ名) のランキング」と表示
3. ランキング情報の表示

1、2はstate.shopping.categoriesのデータを、3はstate.Ranking.rankingのデータを使います。まず、[src/actions/Ranking.js]に、1の機能追加と、2の機能追加のためにActionのpayloadにカテゴリIDに対応するstate.shopping.categoriesの要素を含むように修正します(**リスト10.19**)。1のトップページへのリダイレクトを実行するために、redux-router-reduxのreplace関数を使います。

**リスト10.19** src/actions/Ranking.js

```
import fetchJsonp from 'fetch-jsonp';
import qs from 'qs';
import { replace } from 'react-router-redux'; // 追加

const API_URL = 'https://shopping.yahooapis.jp/ShoppingWebService/V1/json/⏎
categoryRanking';
const APP_ID = 'アプリケーションID';

// categoryをpayloadに含むように修正
const startRequest = category => ({
  type: 'START_REQUEST',
  payload: { category },
```

```js
});
const receiveData = (category, error, response) => ({
  type: 'RECEIVE_DATA',
  payload: { category, error, response },
});
const finishRequest = category => ({
  type: 'FINISH_REQUEST',
  payload: { category },
});

// ランキングを取得する
export const fetchRanking = categoryId => {
  // getState関数でstate.shopping.categoriesにアクセスする
  return async (dispatch, getState) => {
    // カテゴリIDに対応するstate.shopping.categoriesの要素を取得
    const categories = getState().shopping.categories;
    const category = categories.find(category => (category.id === categoryId));
    // 対応するデータがない場合はトップページへリダイレクト
    if (typeof category === 'undefined') {
      dispatch(replace('/'));
      return;
    }

    dispatch(startRequest(category)); // categoryIdからcategoryに変更

    const queryString = qs.stringify({
      appid: APP_ID,
      category_id: categoryId,
    });
    try {
      const responce = await fetchJsonp(`${API_URL}?${queryString}`);
      const data = await responce.json();
      dispatch(receiveData(category, null, data)); // categoryIdからcategoryに変更
    } catch (err) {
      dispatch(receiveData(category, err)); // categoryIdからcategoryに変更
    }
    // categoryIdからcategoryに変更
    dispatch(finishRequest(category));
  };
};
```

新しいActionのpayloadに対応するために、[src/reducers/Ranking.js] を修正します。表示

中の画面のカテゴリID・カテゴリ名（payload.category）を、state.Ranking.categoryに保持します。

リスト10.20　Actionのpayloadに対応させる（src/reducers/Ranking.js）

```
// レスポンスからランキング情報だけを抜き出す
const getRanking = response => { …変更なしなので割愛… };

// 初期状態
const initialState = {
  // categoryId: undefined,
  // categoryIdからcategoryに変更
  category: undefined,
  ranking: undefined,
  error: false
};

export default (state = initialState, action) => {
  switch (action.type) {
    // リクエスト開始時に状態をリセット
    case 'START_REQUEST':
      return {
        // categoryを状態に保持
        category: action.payload.category,
        ranking: undefined,
        error: false
      };

    …変更なしなので割愛…
  }
}
```

2と3の機能を実装するために、RankingコンポーネントとStoreの状態を紐付けます。［src/containers/Ranking.js］のmapStateToPropsを修正し、Rankingコンポーネントからカテゴリ情報（IDと名前）とランキング情報にアクセスできるようにします（**リスト10.21**）。

リスト10.21　Storeの状態を紐付ける（src/containers/Ranking.js）

```
…(中略)

const mapStateToProps = (state, ownProps) => ({
  categoryId: ownProps.categoryId,
```

```
  // カテゴリ情報、ランキング情報をRankingコンポーネントに渡す
  category: state.Ranking.category,
  ranking: state.Ranking.ranking,
  error: state.Ranking.error
});

const mapDispatchToProps = (dispatch, ownProps) => ({ …変更なしなので割愛… });
export default connect(mapStateToProps, mapDispatchToProps)(Ranking);
```

Rankingコンポーネントで、カテゴリ情報、ランキング情報、エラーフラグを受け取り、表示します（リスト10.22）。

リスト10.22　情報の表示（src/components/Ranking.js）

```
import React from 'react';
import PropTypes from 'prop-types';

export default class Ranking extends React.Component {
  componentWillMount() {
    this.props.onMount(this.props.categoryId);
  }
  componentWillReceiveProps(nextProps) {
    if (this.props.categoryId !== nextProps.categoryId) {
      this.props.onUpdate(nextProps.categoryId);
    }
  }

  render() {
    const { category, ranking, error } = this.props;

    return (
      <div>
        {/* ランキングのタイトル（2の機能） */}
        <h2>{
          typeof category !== 'undefined'
            ? `${category.name}のランキング`
            : ''
        }</h2>

        {(() => {
          if (error) {
```

```
              // エラー表示
              return <p>エラーが発生しました。リロードしてください。</p>;
            } else if (typeof ranking === 'undefined') {
              // リクエスト完了前
              return <p>読み込み中...</p>;
            } else {
              // ランキングの表示（3の機能）
              return (
                <ol>
                  {ranking.map(item => (
                    <li key={`ranking-item-${item.code}`}>
                      <img alt={item.name} src={item.imageUrl} />
                      <a href={item.url} target="_blank">{item.name}</a>
                    </li>
                  ))}
                </ol>
              );
            }
          })()}
        </div>
      );
    }
}
Ranking.propTypes = {
  categoryId: PropTypes.string.isRequired,
  onMount: PropTypes.func.isRequired,
  onUpdate: PropTypes.func.isRequired,

  // category, ranking, errorの型を追加
  category: PropTypes.shape({
    id: PropTypes.string.isRequired,
    name: PropTypes.string.isRequired,
  }),
  ranking: PropTypes.arrayOf(
    PropTypes.shape({
      code: PropTypes.string.isRequired,
      name: PropTypes.string.isRequired,
      url: PropTypes.string.isRequired,
      imageUrl: PropTypes.string.isRequired,
    })
  ),
  error: PropTypes.bool.isRequired
};
```

```
Ranking.defaultProps = {
    categoryId: '1'
};
```

ブラウザで「〜のランキング」と表示され、ランキングの商品が表示されていることを確認しましょう（図10.8）。

図10.8　ランキング

## Material-UIの導入

見た目以外の機能は完成したので、第9章で紹介したMaterial-UIを使って見た目を整えましょう。

まず、npmでMaterial-UIをインストールします。

```
# Material-UIのインストール
$ npm install --save material-ui@1.0.0-beta.30
```

まずはじめにベースのスタイルとなるRebootコンポーネントを追加します（リスト10.23）。

第10章　より実践的なアプリケーションを作ろう

リスト10.23　Material-UIのコンポーネントを利用（src/App.js）

```js
import React, { Component } from 'react';
import { Switch, Route, Redirect } from 'react-router-dom';
import Ranking from './containers/Ranking';
import Nav from './containers/Nav';
import Reboot from 'material-ui/Reboot'; // 追加

class App extends Component {
  render() {
    return (
      <div className="App">
        {/* Rebootを追加 */}
        <Reboot />

        <Nav />

        ...
      </div>
    );
  }
}

export default App;
```

次にページ全体のタイトルに相当するものがないので追加してみます。Material-UIのドキュメント（https://material-ui-next.com/）を見て、使えそうなコンポーネントはないか探してみます。

AppBarコンポーネントがタイトルを表示するのにちょうど良さそうなので、Toolbar、Typographyコンポーネントと組み合わせて使ってみます。

リスト10.24　AppBarコンポーネントの追加

```js
// src/App.js
import React, { Component } from 'react';
import { Switch, Route, Redirect } from 'react-router-dom';
import Ranking from './containers/Ranking';
import Nav from './containers/Nav';
import Reboot from 'material-ui/Reboot';
import AppBar from 'material-ui/AppBar'; // 追加
import Toolbar from 'material-ui/Toolbar'; // 追加
import Typography from 'material-ui/Typography'; // 追加
```

```
class App extends Component {
  render() {
    return (
      <div className="App">
        <Reboot />

        {/* ページタイトルを追加 */}
        <AppBar>
          <Toolbar>
            <Typography type="title" color="inherit">
              Yahoo!ショッピングランキング
            </Typography>
          </Toolbar>
        </AppBar>

        <Nav />

        ...
      </div>
    );
  }
}

export default App;
```

ページの上部にタイトルが追加されました。

第10章　より実践的なアプリケーションを作ろう

図10.9　タイトルの追加

次は、ナビゲーションリンクであるNavコンポーネントの見た目を整えていきます。Material-UIのDrawerコンポーネントが合いそうなのでこれを利用してみます。Drawerコンポーネントは、ドロワーメニュー（引き出しのように出し入れできるメニュー）を表示するためのコンポーネントです。今回はprops.typeにpermanentを指定することで、画面左側にメニューを常に表示します。

各リンクは、Material-UIのList、ListItem、ListItemTextコンポーネントを組み合わせて見た目を整えます。この際、react-router-domのLinkコンポーネントは、ListItemと組み合わせて利用することが難しいので、ListItemコンポーネントのprops.onClickとreact-router-reduxのpushで再実装します。

リスト10.25　src/components/Nav.js

```js
// src/components/Nav.js
import React from 'react';
import PropTypes from 'prop-types';
// 削除: import { Link } from 'react-router-dom';
import Drawer from 'material-ui/Drawer'; // 追加
import List, { ListItem, ListItemText } from 'material-ui/List'; // 追加

export default function Nav({ categories, onClick }) {
  const to = category => (
```

218

```
      category.id === '1'
        ? '/all'
        : `/category/${category.id}`
    );
    // - Drawer, List、ListItem、ListItemTextで実装
    // - onClickでContainer Componentに各リンクの選択を通知
    return (
      <Drawer type="permanent">
        <List style={{ width: 240 }}>
          {categories.map(category => (
            <ListItem
              button
              key={`menu-item-${category.id}`}
              onClick={() => onClick(to(category))}
            >
              <ListItemText primary={category.name} />
            </ListItem>
          ))}
        </List>
      </Drawer>
    );
  }
  Nav.propTypes = {
    categories: …,
    // onClick追加
    onClick: PropTypes.func.isRequired
  };
```

リスト10.26　src/containers/Nav.js

```
// src/containers/Nav.js
import { connect } from 'react-redux';
import { push } from 'react-router-redux';
import Nav from '../components/Nav';

const mapStateToProps = state => ({ …割愛… });

const mapDispatchToProps = dispatch => ({
  onClick (path) {
    // onClick時にreact-router-reduxのpushでページ遷移を発生させる
    dispatch(push(path));
  }
```

})

export default connect(mapStateToProps, mapDispatchToProps)(Nav);
```

図10.10　ナビゲーションリンクの追加

ナビゲーションリンクの見た目は整いましたが、ナビゲーションリンクが他のコンテンツに被ってしまっているので表示を整えます。

Appコンポーネントにstyle属性を追加してレイアウトを調整します。

リスト10.27　src/App.js

```
// src/App.js
import …

class App extends Component {
  render() {
    return (
      <div className="App" style={{ paddingLeft: 240 }}> {/* styleを追加 */}
        <Reboot />

        <AppBar style={{ left: 240 }}> {/* styleを追加 */}
          <Toolbar>
```
```

```
          <Typography type="title" color="inherit">
            Yahoo!ショッピングランキング
          </Typography>
        </Toolbar>
      </AppBar>

      <Nav />

      {/* div要素を追加してstyleを指定 */}
      <div style={{ marginTop: 64, padding: 32 }}>
        <Switch>
          ...
        </Switch>
      </div>
    </div>
  );
 }
}

export default App;
```

リスト10.11　style属性を追加してレイアウトを調整

続いて、ランキング表示をCardコンポーネントで作成します（**リスト10.28**）。名前の通り、カードのような四角い形のUIです。CardMedia、CardContent、CardActions、Typography、コンポーネントと組み合わせることで、画像やボタンの表示を整えます。

リスト10.28　Cardコンポーネントの作成（src/components/Ranking.js）

```
// src/components/Ranking.js
import …;
import Card, { CardMedia, CardContent, CardActions } from 'material-ui/Card'; ⮐
// 追加
import Typography from 'material-ui/Typography'; // 追加
import Button from 'material-ui/Button'; // 追加

export default class Ranking extends React.Component {
  componentWillMount() { … }
  componentWillReceiveProps(nextProps) { … }

  render() {
    const { category, ranking, error } = this.props;

    return (
      <div>
        <h2> … </h2>

        {(() => {
          if (error) {
            …
          } else if (typeof ranking === 'undefined') {
            …
          } else {
            // Cardコンポーネントでランキング表示
            return ranking.map((item, i) => (
              <Card
                key={`ranking-item-${item.code}`}
                style={{ maxWidth: '500px', margin: '32px auto' }}
              >
                <CardMedia
                  image={item.imageUrl}
                  title={`${i + 1}位 ${item.name}`}
                  style={{ height: '200px' }}
                />
                <CardContent>
```

```
                <Typography type="title">
                  {`${i + 1}位 ${item.name}`}
                </Typography>
              </CardContent>
              <CardActions>
                <Button
                  raised
                  color="secondary"
                  fullWidth
                  href={item.url}
                >商品ページへ</Button>
              </CardActions>
            </Card>
          ));
        }
      })()}
    </div>
  );
 }
}
...
```

カードUIにすることで、商品画像が目立つUIに変わりました（図10.12）。

第10章　より実践的なアプリケーションを作ろう

図10.12　Cardコンポーネント

第11章
# アプリケーションの
# テストを書こう

本章ではReact / Reduxを用いた
アプリケーションにおけるテストについて解説します。
一口にテストといってもさまざまな手法が存在しますが、
本章ではJavaScriptで書かれた処理が期待通りに動作するかを、
JavaScriptで書いたテストコードで検証する、
いわゆる単体テスト（ユニットテスト）について解説していきます。

第11章　アプリケーションのテストを書こう

## 11.1 テストライブラリ（テストフレームワーク）

　JavaScript の単体テストでは一般的にテストライブラリを使用します。いくつものテストライブラリが存在しますが、代表的なものとして、mocha、Jasmine、Jest、AVA などが存在します。単一の機能を提供するものもあれば複数の機能を提供するツールもあり、テストライブラリごとに守備範囲が異なります。

　今回は create-react-app に標準搭載されている Jest を使ってテストを書いていきます。

 **Jest**

　Jest は Facebook 製のテストフレームワークで、以下のような特徴を備えています。

**簡単なセットアップ**
- Jest にはテストに必要なさまざまな機能があらかじめ内包されています。また、複雑な設定は必要なくすぐに使い始めることができます。

**高速なテスト実行**
- Jest はパフォーマンスを最大化するためにテストを並列実行します。また、テストコードの修正を監視し、修正を検知すると即座にテストを再実行します。

**コードカバレッジ機能を内蔵**
- オプションを指定することでコードカバレッジレポートを簡単に作成できます。

　また、Jest は Node.js ベースのテストツールであり、テストはブラウザではなく Node.js 環境で実行されます。

### Jest を使う

　さっそく Jest の基本的な使い方を見てみましょう。簡単なコードとテストを書いて動作を確認してみます。テスト対象のコードとして、ただ単に足し算をするだけの sum 関数を作成します。

## 11.1　テストライブラリ（テストフレームワーク）

**リスト11.1**　足し算をするだけのsum関数

```
// src/sum.js
export default (a, b) => a + b;
```

リスト11.1は引数a、bをとり、それらを足し合わせた値を返却する非常にシンプルな関数です。次にテストコードを書いていきます。Jestは次のいずれかの条件にマッチしたファイルをテストコードとして認識し、テストを実行します。

- \_\_test\_\_ディレクトリ内の、ファイル名の末尾が.jsのファイル
- ファイル名の末尾が.test.jsのファイル
- ファイル名の末尾が.spec.jsのファイル

今回は［sum.test.js］という名前でテストファイルを作成します。

**リスト11.2**　テストファイル（src/sum.test.js）

```
import sum from './sum';                    ──❶

test('sum', () => {                         ──❷
  expect(sum(1, 2)).toBe(3);                ──❸
});
```

コードを詳しく見ていきます。1行目ではテスト対象の関数をインポートしています（**リスト11.2、❶**）。3行目はテストの宣言です（**❷**）。Jestではtest関数、またはit関数でテストを宣言することでテストを作成します。

第1引数にテストの説明、第2引数にテスト内容を記述した関数を指定します。4行目は、sum関数が想定した動作をするかどうかを検証するコードです（**❸**）。Jestでは組み込みのグローバル関数であるexpectを用います。expectの引数には検証対象の値を渡します（ここではsumの関数の結果）。さらに、expectに続けて.toBe関数を記述しています。

.toBe関数は検証対象の値が期待値と同一かどうかを検証する関数です。.toBe関数の引数にはexpectに指定した結果の期待値を渡しています。この他にもJestには、**検証対象の値が、特定の条件を満たしているか**を検証するためのさまざまな関数が用意されています。これらの関数はマッチャーと呼ばれ、検証したい内容によって使い分けます。マッチャーをいくつかピックアップして紹介します。

- .toBeTruthy() ……………………… 値がBoolean型のtrueであるかを検証します
- .toEqual(value) ……………………… オブジェクトが同じ値を持つかどうかを検証します
- .toContain(item) ………………… 指定したアイテムが配列内に存在するかを検証します
- .toMatch(regexpOrString) …… 指定した文字列または正規表現と一致するかを検証します

Jestにはこの他にもさまざまなマッチャーが用意されており、詳細な仕様は以下のURLから確認することができます。

URL https://facebook.github.io/jest/docs/en/expect.html

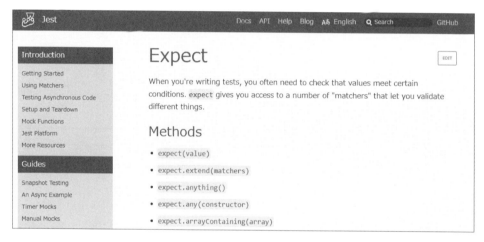

図11.1　Jestトップページ

以上で、テスト対象のコードとテストコードの準備ができました。それでは、実際にテストを実行してみましょう。以下のコマンドを実行します。

```
$ npm test
```

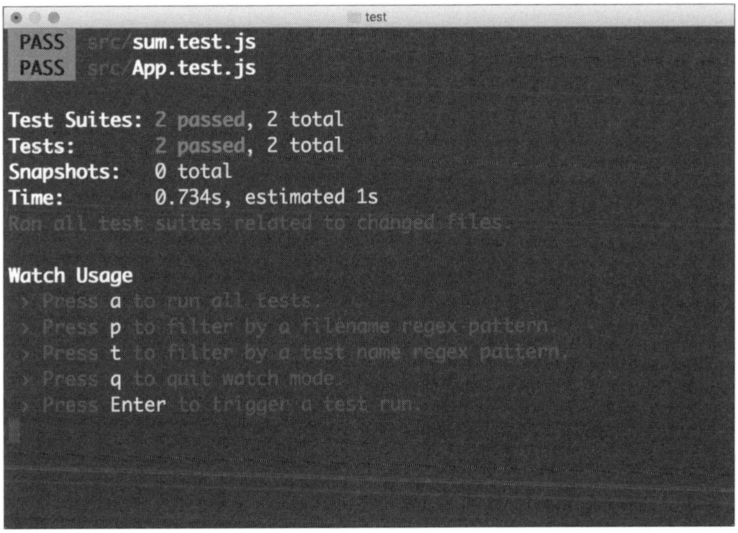

## 11.1 テストライブラリ（テストフレームワーク）

**図11.2** テストの実行

　問題なくテストがパスしたことが確認できます（**図11.2**）。上記のコマンドを実行するとJestは監視モードで起動します。監視モードでは、テスト対象のコードまたはテストコードを修正して保存するたびにテストが再実行されます。試しにテストコードを書き換えて、意図的にテストが失敗するようにしてみます。テストコードを以下のように書き換えます。

**リスト11.3** テストが失敗するコード（src/sum.test.js）

```
import sum from './sum';

test('sum', () => {
  expect(sum(1, 2)).toBe(2);────────────────────────────────❶
});
```

　.toBe関数に指定した引数である期待値を、2に書き換えました（**リスト11.3**、❶）。

第11章　アプリケーションのテストを書こう

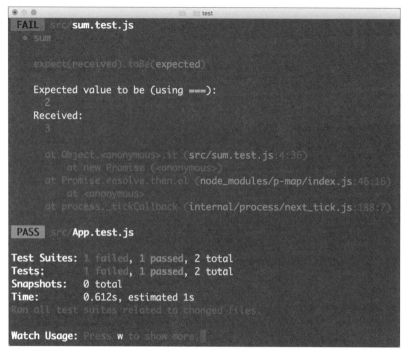

図11.3　テストが失敗する

　テストが失敗したことが確認できます（図11.3）。このように、検証対象の値が特定の条件を満たしているかをテストコードで記述することでテストを行います。

## 11.2 React・Reduxアプリケーションのテスト

React・Reduxアプリケーションのコードのほとんどは、純粋な関数で構成されており、容易にテストを記述することができます。テストを簡単に記述することができる点もReact・Reduxが支持されている1つの理由です。

###  ActionCreatorのテスト

ReduxのActionCreatorは単純なオブジェクトを返す関数です。ActionCreatorのテストでは、意図したActionCreatorが呼び出されたかどうか、また、正しいアクションが返却されるかどうかをテストします。**リスト11.4**のコードはToDoアプリのタスクを追加するActionCreatorのコードです。

**リスト11.4** ToDoアプリのタスクを追加する（tasks.js）

```javascript
// src/actions/tasks.js
const addTask = (task) => ({
  type: 'ADD_TASK',
  payload: {
    task,
  },
});

export default {
  addTask,
};
```

テストコードは**リスト11.5**になります。

**リスト11.5** テストコード（tasks.test.js）

```javascript
// src/actions/tasks.test.js
import actions from './tasks';

describe('Actions', () => {
```

```
  test('addTask Action', () => {
    const task = '買い物';                              ──①
    const result = actions.addTask(task);              ──②
    const expected = {                                  ──③
      type: 'ADD_TASK',
      payload: {
        task,
      },
    };

    expect(result).toEqual(expected);                   ──④
  })
});
```

6行目のtaskはaddTask()ActionCreatorに渡す引数です（**リスト11.5**、❶）。7行目のresultはaddTask()ActionCreatorの実行結果です❷。8行目のexpectedは期待値となるオブジェクトです❸。15行目では.toEqualを用いて❹、2つのオブジェクトが同じ値を持つか検証しています。このマッチャーはオブジェクトのすべての値が同じかどうかを再帰的にチェックします。

## 非同期Action Creatorのテスト

　redux-thunkなどを利用した非同期ActionCreatorをテストする場合は、ReduxのStoreをモック化しReduxのStoreの挙動を擬似的に再現する必要があります。また、APIリクエストを行っている場合はAPIリクエストをモック化します。**リスト11.6**のコードはToDoアプリのタスクをAPIリクエスト経由で取得し、APIリクエスト完了後にアクションをdispatchする非同期ActionCreatorです。

　fetchTodosはAPIリクエストの直前にfetchTodosRequestをdispatchし、APIリクエスト完了後にfetchTodosSuccessをdispatchします。

**リスト11.6**　redux-thunkなどを利用した非同期ActionCreatorの例

```
// src/actions/requestTodo.js
import 'isomorphic-fetch';

const fetchTodosRequest = () => ({
  type: 'FETCH_TODOS_REQUEST',
});
```

```js
const fetchTodosSuccess = (tasks) => ({
  type: 'FETCH_TODOS_SUCCESS',
  tasks,
});

const fetchTodos = () => {
  return dispatch => {
    dispatch(fetchTodosRequest());

    return fetch('http://example.com/todos')
      .then(res => res.json())
      .then(tasks => dispatch(fetchTodosSuccess(tasks)));
  };
};

export default {
  fetchTodos,
};
```

リスト11.6のコードをテストする場合、前述したとおり、ReduxのStoreのモック化、APIリクエストのモック化をする必要があります。モックを実現する方法はさまざまありますが、今回は以下のライブラリを使用します。

- **redux-mock-store**

  Reduxの非同期ActionCreatorのテストをするためのライブラリです。

  URL https://github.com/arnaudbenard/redux-mock-store

- **jest-fetch-mock**

  Jest + fetchを用いてる際にAPIリクエストのモックを簡単に行えるようにするライブラリです。

  URL https://github.com/jefflau/jest-fetch-mock

以下のコマンドを実行してライブラリをインストールします。

```
$ npm install -D redux-mock-store jest-fetch-mock
```

インストールが完了したら次に、jest-fetch-mockのセットアップファイルを作成します。create-react-appを使用している場合、[src/setupTests.js]というファイルを作成しそこに記述します。**リスト11.7**がセットアップのコードになります。

**リスト11.7**　セットアップのコード（src/setupTests.js）

```
global.fetch = require('jest-fetch-mock');
```

テストコードは**リスト11.8**になります。

**リスト11.8**　テストコード（src/actions/requestTodo.test.js）

```
import configureMockStore from 'redux-mock-store';          ─┐
import thunk from 'redux-thunk';                             │❶
import actions from './requestTodo';

const middlewares = [thunk];                                 ─┐
const mockStore = configureMockStore(middlewares);           ─┘❷

test('requestTodos Action Creator', () => {
  fetch.mockResponse(JSON.stringify(['買い物']));            ──❸

  const expected = [                                        ───❹
    {
      type: 'FETCH_TODOS_REQUEST',
    },
    {
      type: 'FETCH_TODOS_SUCCESS',
      tasks: ['買い物'],
    },
  ];
  const store = mockStore();                                ──❺

  return store.dispatch(actions.fetchTodos())               ─┐
    .then(() => {                                            │❻
      expect(store.getActions()).toEqual(expected);          │
    });                                                     ─┘
});
```

コードを詳しく見ていきます（**リスト11.8**）。

1、2行目ではインストールしたライブラリをインポートしています❶。5、6行目ではreduxmock-storeを用いてReduxのStoreのモックを作成しています❷。9行目ではAPIリクエストに用いているfetch関数をモック化する処理です❸。jest-fetch-mockの機能であるmockResponse関数を利用してAPIリクエストのレスポンス結果を['買い物']に差し替えています。11行目のexpectedは期待するアクションを記述しています❹。20行目ではモック化したStoreのインスタンスを生成しています❺。22〜25行目はモック化したStoreを用いて期待値のアクションとfetchTodosをdispatchした際に発動するアクションが同一であるかを検証しています❻。

redux-mock-storeの機能であるgetActions関数を用いてdispatchした際に発動するアクションを配列として取得しています。

## Reducerのテスト

ReduxのReducerは、現在の状態（state）とアクションを受け取り、新しい状態を返す純粋な関数です。ここでは**リスト11.9**のToDoアプリのReducerをテストします。

**リスト11.9** ToDoアプリ

```
// src/reducers/tasks.js
const initialState = {
  tasks: []
};

export default function tasksReducer(state = initialState, action) {
  switch (action.type) {
    case 'ADD_TASK':
      return {
        ...state,
        tasks: state.tasks.concat([action.payload.task])
      };
    default:
      return state;
  }
}
```

テストコードは以下になります（**リスト11.10**）。

リスト11.10　ToDoアプリのテストコード

```
// src/reducers/tasks.test.js
import reducer from './tasks';

describe('tasks Reducer', () => {　───────────────────────❶
  test('初期値', () => {
    const state = undefined;
    const action = {};
    const result = reducer(state, action);
    const expected = {
      tasks: [],
    };

    expect(result).toEqual(expected);
  });

  test('ADD_TASKアクション', () => {　───────────────────────❷
    const state = {
      tasks: ['Reduxを学ぶ'],
    };
    const action = {
      type: 'ADD_TASK',
      payload: {
        task: 'Testを学ぶ',
      },
    };
    const result = reducer(state, action);
    const expected = {
      tasks: ['Reduxを学ぶ', 'Testを学ぶ'],
    };

    expect(result).toEqual(expected);
  });
});
```

　このテストでは2つのテストを記述しています。

　Jestではdescribe関数を用いることで複数のテストをまとめることができます（describeを用いることは任意であり必須ではありません）（**リスト11.7**、❶）。1つ目のテストは、Reducerの初期値を検証するテストです。stateにはundefined、actionには{}を渡しています。reducerで定義されている初期値が正しく返ってくるかどうかを検証しています。

11.2 React・Reduxアプリケーションのテスト

2つ目のテストは、現在の状態とADD_TASKアクションを渡し、タスクが追加されるかどうかを検証しています❷。state、actionを定義し、それぞれをReducerに渡したときの結果の期待値をexpectedで定義しています。

## Reactコンポーネントのユニットテスト

Reactを用いたアプリケーションでは基本的に各コンポーネントを独立した小さなコンポーネントとして定義していきます。分割された小さなコンポーネントは個別にテストすることができます。Reactコンポーネントのテストにはいくつかのやり方がありますが、ここでは最も基本的なEnzymeというライブラリを用いた、Shallow rendering（浅いレンダリング）のテストについて解説します。

まずは、Enzymeのセットアップを行います。以下のコマンドで、Enzymeとその他必要なライブラリをインストールします。

```
$ npm install --save enzyme enzyme-adapter-react-16 react-test-renderer
```

インストールが完了したら次に、Enzymeのセットアップファイルを作成します。create-react-appを使用している場合、［src/setupTests.js］というファイルを作成しそこに記述します。**リスト11.11**がセットアップのコードになります。

**リスト11.11** Enzymeのセットアップファイル(setupTests.js)

```
import { configure } from 'enzyme';
import Adapter from 'enzyme-adapter-react-16';

configure({ adapter: new Adapter() });
```

まずはShallow Renderingの例を見ていきます。今回は**リスト11.12**の<Button>コンポーネントのテストをします。

**リスト11.12** テスト用のコンポーネント（src/components/Button.js）

```
import React from 'react';

const Button = ({ children }) => <button>{children}</button>;

export default Button;
```

## 第11章 アプリケーションのテストを書こう

このコンポーネントは、propsとして子要素を受け取り、その子要素を<button>タグでラップして出力するシンプルなコンポーネントです。受け取ったpropsが正しくレンダリングされるかどうかをテストで検証しましょう。テストコードは**リスト11.13**になります。

**リスト11.13 正しくレンダリングされるかどうかをテストする（Button.test.js）**

```
import React from 'react';
import { shallow } from 'enzyme';            ──❶
import Button from './Button';               ──❷

test('Buttonコンポーネント', () => {
  const text = '追加';                        ┐
  const wrapper = shallow(<Button>{text}</Button>); ┘──❸

  expect(wrapper.contains(text)).toEqual(true);  ──❹
});
```

2行目ではenzymeの機能の1つである、shallow関数をインポートしています（❶）。3行目ではテスト対象の<Button>コンポーネントをインポートしています（❷）。6、7行目ではshallow関数を用いて、レンダリング後の結果を取得しています（❸、❹）。9行目の、wrapper.contains(text)でレンダリングした結果に、propsとして渡したtextが含まれているかを検証しています（❺）。Enzymeにはshallow以外にもReactコンポーネントをテストするためのさまざまな機能が含まれています。詳細はEnzymeの公式ドキュメントで確認することができます（図11.14）。

● Enzyme
**URL** http://airbnb.io/enzyme/

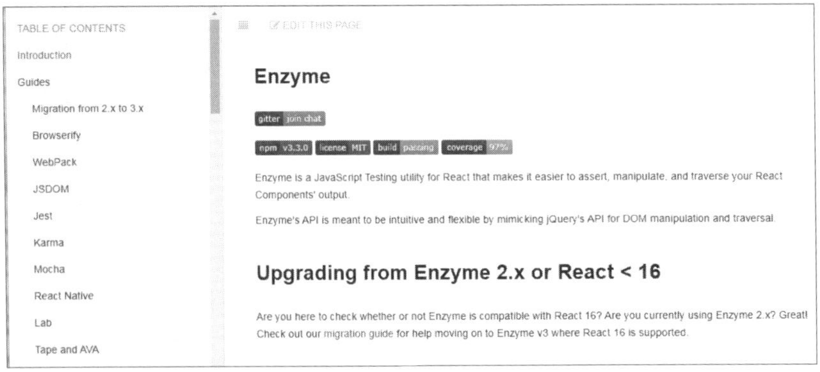

**図11.4 enzymeの公式ドキュメント**

次にFull Dom Renderingについて見ていきましょう。

今回は、以下の<EntryEmail>コンポーネントのテストをします。

**リスト11.14** <EntryEmail>コンポーネント

```
// src/components/EntryEMail.js
import React from 'react';

const Button = ({ children, onClick }) =>
  <button onClick={onClick}>{children}</button>;

const EntryEMail = ({ onClick }) => (
  <div>
    <input type="email" defaultValue="" />
    <Button onClick={onClick}>登録</Button>
  </div>
);

export default EntryEMail;
```

<EntryEmail>コンポーネントは<Button>コンポーネントを内包しているコンポーネントです。<EntryEmail>コンポーネントはonClick関数をpropsとして受け取り、子要素である<Button>コンポーネントに渡します。<Button>コンポーネントは受け取ったonClickをonClickハンドラーにバインドします。テストでは、クリックイベントをシミュレートし、onClick関数が発動するかを検証してみます。

テストコードは**リスト11.15**になります。

**リスト11.15** テストコード（src/components/EntryEMail.test.js）

```
import React from 'react';
import { mount } from 'enzyme';                              ──①
import EntryEMail from './EntryEMail';

it('EntryEMailコンポーネント', () => {
  const mockFunc = jest.fn();                                ──②
  const wrapper = mount(<EntryEMail onClick={mockFunc} />);  ──③

  wrapper.find('button').simulate('click');                  ──④
  expect(mockFunc).toHaveBeenCalled();                       ──⑤
});
```

2行目では先程のshallow関数ではなくmount関数ををインポートしています❶。6行目ではjest.fnを用いてモック関数を定義しています❷。7行目ではmount関数を用いて、レンダリング後の結果を取得しています❸。9行目ではfind関数を用いてレンダリング結果から<button>要素を探索しつつ、simulate関数を用いてクリックイベントをシミュレートしています❹。10行目ではモック関数が実行されたかどうかを、toHaveBeenCalledで検証しています❺。

このように、Reactでは従来のライブラリでは難しかったコンポーネントのテストを簡単に作成することができます。

##  Reactコンポーネントのスナップショットテスト

前項ではReactコンポーネントのテストについて解説しましたが、一般的にプロダクトのUIは頻繁に仕様変更が発生する可能性が高く、そのたびにテストコードを修正することは非常に骨の折れる作業です。ここでは、より簡単、かつ気軽に始められるスナップショットテストについて紹介します。

スナップショットテストとは、UIコンポーネントのレンダリング結果をスナップショットとして保存し、テスト実行時に前回のスナップショットと比較することで**意図していない変更がされていないかを検証**するテストです。

Jest + Reactでスナップショットテストをする場合には、react-test-rendererというライブラリを使用します。以下のコマンドを実行してreact-test-rendererをインストールします。

```
$ npm install -D react-test-renderer
```

今回は例として、非常にシンプルな**リスト11.16**の<HelloWorld>コンポーネントでテストを行います。

リスト11.16　<HelloWorld>コンポーネント（src/components/HelloWorld.js）

```
import React from 'react';

const HelloWorld = () => <div>Hello World!</div>;

export default HelloWorld;
```

テストコードは以下になります（**リスト11.17**）。

リスト11.17　テストコード（src/components/HelloWorld.test.js）

```
import React from 'react';
import renderer from 'react-test-renderer';
import HelloWorld from './HelloWorld';

test('HelloWorldコンポーネントのスナップショットテスト', () => {
  const result = renderer.create(<HelloWorld/>).toJSON();

  expect(result).toMatchSnapshot();
});
```

コードを詳しく見ていきます。2行目で、react-test-rendererのrenderer関数をインポートしています。6行目では、renderer.create関数とtoJSON関数を用いて、レンダリング結果をJSONとして取得しています。8行目のtoMatchSnapshot関数で前回のスナップショットとの比較を行っています。テストを実行してみましょう。

以下のコマンドを実行します。

```
$ npm test
```

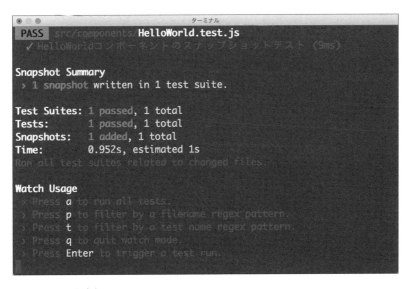

図11.5　テスト実行

初回のテスト実行時はスナップショットファイルが自動で作成され、テストはパスします

（図11.5）。スナップショットファイルはテストファイルと同階層の\_\_snapshots\_\_ディレクトリ内に生成されます。今回ので例ではsrc/components/\_\_snapshots\_\_/HelloWorld.test.js.snapというファイルが生成されます。

次に、コンポーネントのコードを修正し、意図的にテストを失敗させてみます（リスト11.18）。

リスト11.18　意図的にテストを失敗させる

```
import React from 'react';

const HelloWorld = () => <div>Hello React!</div>;

export default HelloWorld;
```

Hello World!をHello React!に書き換えました。

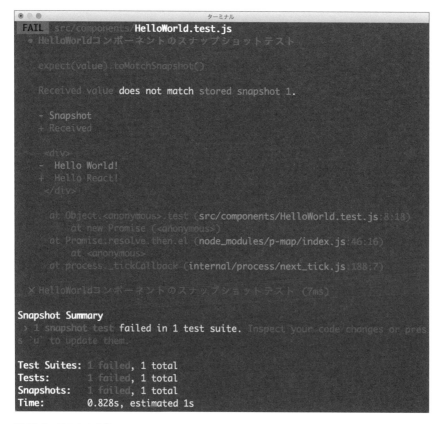

図11.6　テストの失敗

## 11.2 React・Reduxアプリケーションのテスト

レンダリング結果が変更され、テストが失敗しているのが確認できます(**図11.6**)。スナップショットテストが失敗した場合には、場合に応じて以下の2つのうちどちらかを実施します。

- 修正結果が意図したものではなく、間違いだった場合にはコンポーネントを修正しテストをパスします
- 修正結果が意図的な変更の場合には、スナップショットを更新します

スナップショットを更新する場合は、Jestの--updateSnapshot(-uでも可)オプションを利用します。create-react-appを使用している場合は、以下のコマンドを実行します。

```
$ npm test -- --updateSnapshot
```

このようにスナップショットテストを用いることで、変更の影響を検知し効率的にコンポーネントのテストを実施することができます。

### 前処理と後処理

テストを書く際に、しばしばテスト実行前やテスト実行後に処理を追加したい場合があります。Jestではこれらを実現するヘルパー関数が提供されています。テスト毎に繰り返し行いたい処理がある場合には、beforeEach関数、もしくはafterEach関数を使用して処理を挟み込みます。**リスト11.19**のコードは、各テストの前にsampleBeforeFunc関数を、テストの後にsampleAfterFunc関数を実行する例です。

**リスト11.19** beforeEach関数、afterEach関数の例

```
beforeEach(() => {
  sampleBeforeFunc();
});

afterEach(() => {
  sampleAfterFunc();
});

test('テスト1', () => {
  expect(sum(1, 2)).toBe(3);
});

test('テスト2', () => {
```

```
  expect(sum(3, 4)).toBe(7);
});
```

　前処理、後処理をテスト毎ではなく、ファイルに記述された全てのテストが実行される前に1回だけ、または全てのテストが実行された後に1回だけ処理を追加したいケースもあります。その場合は、beforeAll関数、afterAll関数を使用します。**リスト11.20**のコードは、全てのテストが実行される毎にsampleBeforeFunc関数を、全てのテストが実行された後にsampleAfterFunc関数を実行する例です。

**リスト11.20**　beforeAllh関数、afterAll関数の例

```
beforeAll(() => {
  sampleBeforeFunc();
});

afterAll(() => {
  sampleAfterFunc();
});

test('テスト1', () => {
  expect(sum(1, 2)).toBe(3);
});

test('テスト2', () => {
  expect(sum(3, 4)).toBe(7);
});
```

第12章
# 作ったアプリケーションを公開しよう

Webはアイデアを形にするには
素晴らしいプラットフォームです。
iOS・Androidのアプリケーションと違い、
Webアプリケーションは
インターネットに公開しURLをシェアすれば、
すぐに使ってもらえるところが強みの1つです。

## 12.1 アプリケーションを公開する

この章では、作ったアプリケーションをインターネットに公開する方法の中でも比較的簡単に利用できるGitHub PagesとFirebaseを紹介します。

### GitHub Pages

まずはGitHub Pagesについて解説します。

#### GitHub Pagesとは？

GitHubは開発者のみなさんにはおなじみだと思いますが、Gitによるバージョン管理システムを提供しているサービスです。GitHub社によって運営されており、オープンな開発プラットフォームとして世界中のエンジニアに愛されています。プライベートリポジトリやGitHub Enterpriseを利用し社内の開発に利用している企業も国内外にたくさんあります。GitHub Pagesとは、GitHubに登録されているリポジトリの特定のブランチをWebサイトとして公開できる機能です（図12.1）。OSSのドキュメントや動作サンプルをアップするのによく利用されています。

図12.1 GitHub PagesのTopページ

**Tips** — **Browser History と Hash History**

　GitHub Pages は静的ホスティングですので、サーバサイドで処理を行うことができません。React はクライアントサイドですので問題ないようにも思いますが、ルーティングをする場合に影響があります。これまでの create-react-app を使った開発では、ローカル環境に起動したサーバが「/all」や「/category/99999」などの URL へリクエストを受けても、index.html を返していました。Github Pages ではそのような補助はしてくれないため、/all というリクエストには実際に all というファイルが無いとレスポンスができません。よって、Github Pages でページルーティングを行う場合はひと工夫が必要です。具体的には、ルーティングに利用していた history オブジェクトを、今まで通りの history/createBrowserHistory ではなく history/createHashHistory を利用して作成することになります。

```
// index.js

// import createHistory from 'history/createBrowserHistory';
// Browser Historyのかわりに Hash Historyを利用します。
import createHistory from 'history/createHashHistory';
```

　Hash History を利用する場合、URL が /#/all といったように #(ハッシュ)がつくようになりますが、コードを変更することなくルーティングを行うことができます。

　Brower History と Hash History の大きな違いは URL に # がつくことです。# がつくことにより、ブラウザはすべてのパスに対して / のルートとして処理を行うので、index.html のみしかファイルを用意していなくてもルーティングが動作するようになります。

　Browser History は HTML5 の API を利用しているため古いブラウザ(IE 9 以下、Android4.1 以下)では動作しませんが、URL がきれいなこともあり好んで利用されています。基本的には Browser History を利用するようにして、GitHub Pages などサーバーが利用できない場合に Hash History を利用すると良いでしょう。

## GitHub Pagesに公開する手順

GitHub Pages を利用し、Web アプリケーションを公開する手順は以下の通りです。

1. GitHub のアカウントを作成する

2. リポジトリを作成する
3. gh-pagesブランチにWebアプリケーションをプッシュする

まず、GitHubのアカウントを作成します。アカウントを持っていない状態でGitHubのトップページ（https://github.com）にアクセスすると、右側に登録用のフォームが表示されていますので、ユーザー名、メールアドレス、パスワードを入力します（図12.2）。すると、アカウントを作成できます。

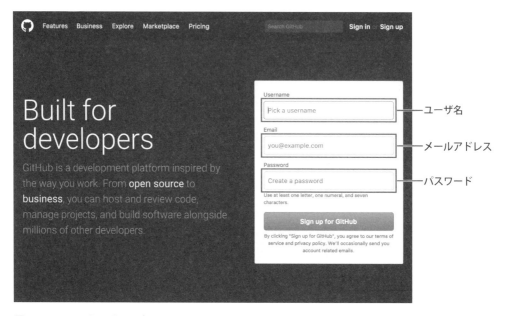

図12.2 GitHubトップページ

また、トップページの右上に「Sign up」と書かれたリンクが表示されているので、そちらからでも登録ページに遷移できます（図12.3）。

12.1 アプリケーションを公開する

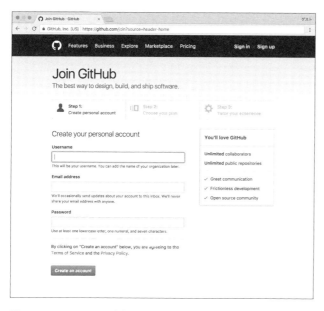

図12.3　Sign upページ（https://github.com/join）

アカウントが用意できたら、次にリポジトリを作成します（図12.4）。リポジトリの作成は「https://github.com/new」から行います（ナビゲーションバーの＋ボタン→New repositoryから遷移できます）。

図12.4　リポジトリの作成ページ（https://github.com/new）

リポジトリ作成ページでの各入力項目の意味は以下の通りです。

- Repository name
  リポジトリ名。半角英数字、ハイフン (-)、アンダースコア (_) が使えます。同じアカウントに、同じリポジトリ名は利用できません。
- Description（任意）
  リポジトリの説明。リポジトリページの上部やページタイトル等に利用されます。あとで設定可能なので、ここでは飛ばしても問題ありません。
- Public or Private
  リポジトリを一般に公開するか、非公開にするか。非公開の場合、料金が掛かります。また、GitHub Pages は Private にしても一般に公開されてしまいます。
- Initialize this repository with a README
  READMEを自動生成するかの選択。選択した場合、リポジトリ名と説明が記述された README.md が生成され、リポジトリに追加されます。
- Add .gitignore
  .gitignore をリポジトリに追加するかの設定。[None] を選択した場合、.gitignore は追加されません。言語や開発プラットフォームを選択すると、その環境でよく使われる設定が記述された .gitignore がリポジトリに追加されます。
- Add a license
  このリポジトリのライセンスを指定します。指定したライセンスの文言が [LICENSE] ファイルに出力され、リポジトリに追加されます。None の場合は、何も追加されません。

リポジトリ名以外は任意ですので、入力（または選択）しなくても問題ありません。「Initialize this repository with a README」、「Add .gitignore」、「Add a license」を選択するとリポジトリにファイルが追加されます。ローカル環境にあるリポジトリを作成したリポジトリにプッシュしたい場合は、それらのファイルが邪魔になるので未選択で作成しましょう。

GitHub Pages の URL は、以下のような形式です。アカウント名（または組織名）・リポジトリ名は URL に含まれますので、リポジトリ名・アカウント名を決めるときはご注意ください。

### ● GitHub Pages の URL
URL https://アカウント名.github.io/リポジトリ名/

README、.gitignore、ライセンスファイルの追加をしない場合、リポジトリ作成後は図12.5のようなページが表示されます。

12.1　アプリケーションを公開する

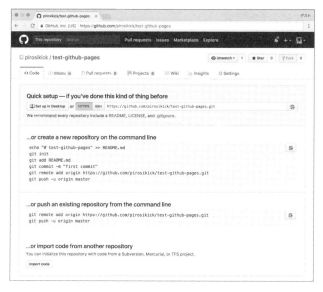

図12.5　リポジトリ作成後のリポジトリページ

　リポジトリのURLが入力されているテキストボックスの左に「HTTPS」と「SSH」の2つのボタンがあります（**図12.6**）。［HTTPS］を押した場合はhttps://github.com/アカウント名/リポジトリ名.gitの形式で、［SSH］を押した場合はgit@github.com:アカウント名/リポジトリ名.gitの形式でURLが表示されます。HTTPSの場合、git pushの際にGitHubのユーザー名とパスワードを入力する必要があります。SSHの場合、公開鍵による認証を行いますので、事前に公開鍵を登録しておく必要があります。公開鍵はhttps://github.com/settings/keysから登録できます。

図12.6　リポジトリのURLが入力されているテキストボックス

　リポジトリのURLが表示されているテキストボックスの下に、リポジトリにソースコードをプッシュする手順が記述されています。手元にリポジトリがある場合、ない場合、他のバージョン管理システムから移行する場合の手順が表示されていますので、この手順に沿ってリポジトリにアプリケーションのファイルをコミット、プッシュします（Gitの操作については割愛します）。以下のコマンドは手順に沿った例です。

### ローカルにリポジトリを作成しプッシュする場合

```
$ echo "# Hello" >> README.md
$ git init
$ git add README.md
$ git commit -m "first commit"
$ git remote add origin https://github.com/アカウント名/リポジトリ名.git
$ git push -u origin master
```

### 既にローカルにあるリポジトリをプッシュする場合

```
$ git remote add origin https://github.com/アカウント名/リポジトリ名.git
$ git push -u origin master
```

　これまでの手順でGitHubにリポジトリが作成できたので、GitHub PagesにWebアプリケーションを登録しましょう。やり方は非常に簡単で、作成したリポジトリのgh-pagesブランチの内容がGitHub Pagesで公開されます。例えば、some-userアカウントのgithub-pages-examplesリポジトリのgh-pagesブランチの直下にあるindex.htmlは、GitHub Pagesではhttps://some-user.github.io/github-pages-examples/index.htmlに公開されます。

　create-react-appで作成したアプリケーションの場合、公開したいファイルはnpm run buildの実行後にbuild/以下に出力されます。そのままgh-pagesブランチにプッシュしてしまうと、アプリケーションのURLのパスが/build/から始まることになり少々冗長です。また、アプリケーションを更新する度に手作業でbuild/以下をgh-pagesブランチにコミットするのは面倒です。gh-pagesというnpmパッケージを使うと、特定のディレクトリをgh-pagesブランチにコミットとプッシュをする作業をCLIコマンドで一発で実行できます。

```
# gh-pagesのインストール
$ npm install --save-dev gh-pages
```

```
# build以下をgh-pagesブランチにコミット・プッシュ
$ ./node_modules/.bin/gh-pages -d build
```

　デプロイするたびにgh-pagesのCLIコマンドを入力するのは面倒なので、package.jsonのscriptsフィールドに登録しておくと作業がはかどります。以下は、package.jsonのscriptsフィールドにdeployを追加した例です（**リスト12.1**）。

リスト12.1　scriptsフィールドにdeployを追加した例（package.json）

```
{
  "dependencies": {
    ...
  },
  "scripts": {
    "start": "react-scripts start",
    "test": "react-scripts test",
    "build": "react-scripts build",
    "deploy": "npm run build && gh-pages -d build"
  }
}
```

npm run deployを実行すると、npm run buildを実行し、gh-pagesを使ってGitHub Pagesを作成します。以下はビルド後にGitHub Pagesにデプロイするためのコマンドです。

```
$ npm run deploy
```

##  GitHub Pagesのメリット・デメリット

GitHub Pagesのメリットをざっくりあげると以下の通りです。

- 無料で利用できる
- Gitの操作がわかれば手軽に利用できる
- httpsで配信される

まず、無料、かつ、Gitの操作がわかれば手軽に利用できるのは、作ったものをさくっと公開するには非常にありがたいメリットです。また、Chromeではnavigator.mediaDevices.getUserMedia関数など一部のブラウザのAPIは、ページがhttpsで配信されないと利用できません。GitHub Pagesではhttpsでページが配信されますので、それらのAPIも利用できます。

デメリットは、アプリケーションのデータを保存するためのデータベースや、それらにアクセスするためのWeb APIなどのバックエンドをGitHub Pagesに持つことができません。また、Browser Historyを利用したルーティングを行うことができません。これらが必要な場合は、別途サーバを立てたり、PaaSやMBaaSを利用したりする必要があります。

## 12.2 Firebaseについて

GitHub Pagesに続き、ここではFirebaseでアプリケーションを公開する方法について解説します。

###  Firebaseとは？

Firebaseは、2014年にGoogleが買収したmBaaS（mobile Backend as a Service）です（図12.7）。mBaaSとは、モバイルのネイティブアプリケーションやWebアプリケーション向けのバックエンドをサービスとして提供しているプラットフォームのことです。Firebaseのトップページを見るとわかりますが多くのサービスを提供しています。

図12.7 Firebaseのトップページ

そのサービスの1つであるHostingを使って、Webアプリケーションを公開する方法を紹介します。

Firebase HostingはGitHub Pagesに比べて高機能なので、後述する設定を行うことでBrowser Historyによるルーティングも行うことが可能です。

### Firebase Hostingを使う

まず、Firebaseのコンソールにアクセスします。トップページ（https://firebase.google.com/?hl=ja）の右上にある「コンソールへ移動」のリンクからアクセスできます（図12.8）。初めて利用する場合はGoogleの認証画面に遷移しますので、任意のGoogleアカウントでログインします。「Firebaseへようこそ」の画面が出ればOKです。この画面にはプロジェクトの一覧が表示されます。既にプロジェクトを作成している場合は、プロジェクトを選択し、各サービスの設定に進みます。Firebaseにおけるプロジェクトは、1つのアプリケーションに紐づき、Hostingの場合は1つのプロジェクトに1つの公開URLが割り当てられるイメージです。

図12.8　コンソールのトップ画面

プロジェクトを作成する場合は「プロジェクトを追加」をクリックします。クリックすると、図12.9のようなダイアログが表示されます。

第12章　作ったアプリケーションを公開しよう

図12.9　プロジェクトの追加

プロジェクトの追加をする際の各入力項目の意味は以下の通りです。

- プロジェクト名
  プロジェクトの名前。利用できる文字は半角英数字と半角スペース、一部記号 (-（ハイフン）、!（感嘆符）、'（シングルクォーテーション）、,（コンマ）、"（ダブルクォーテーション）) のみです。

- プロジェクトID
  プロジェクトのID。プロジェクト名から自動生成されますが、自分で設定することもできます。他のユーザーが所有しているプロジェクトを含め一意である必要があります。プロジェクト作成後は変更できず、Hostingの場合、プロジェクトIDがサブドメイン（https:// プロジェクトID.firebaseapp.com）になるので注意してください。Hostingで独自ドメインを使う場合はなんでもよいです。

- 国/地域
  Firebase利用者の国・地域の設定。収益レポートの通貨表示などが指定した国/地域によって最適化されるだけなので、「日本」で問題ないです。AWSなどのリージョン設定（実サーバが置かれている地域の指定）とは違いますので注意してください

入力が終わったら「プロジェクトを作成」ボタンを押します。作成まで少し待ってから、プロジェクトのトップページに遷移します（図12.10）。

12.2 Firebaseについて

図12.10　プロジェクトのトップページ

　Hostingのダッシュボードは、「左のメニュー > DEVELOP > Hosting」から遷移するか（図12.11）、「ここから始めましょう」を下にスクロールするとHostingの「使ってみる」リンクがあるのでそこから遷移できます（図12.12）。

図12.11　ダッシュボードへの遷移（左のメニュー > DEVELOP > Hosting）

第12章　作ったアプリケーションを公開しよう

図12.12　Hostingのカードメニュー

図12.13と図12.14はHostingのダッシュボード画面です。

図12.13　ダッシュボード

12.2 Firebaseについて

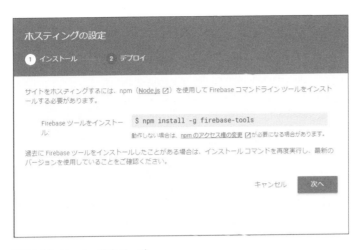

図12.14 Hosting設定ページ

### ダッシュボード

HostingへのデプロイはCLI上で行います。まず、npmでfirebase-toolsをインストールします。firebase-toolsには、FirebaseへのログインやHostingへのデプロイなど、Firebaseの各サービスの設定をCLI上で行うためのfirebaseコマンドが含まれています。次のコマンドでfirebase-toolsのインストールを行い、バージョンを確認してください。

```
# firebase-toolsのインストール
$ npm install --global firebase-tools
```

```
# firebaseのコマンド（執筆時のバージョンは3.13.1）
$ firebase --version
3.16.0
```

まず、FirebaseにCLIからログインします。firebase loginを実行すると、ブラウザが起動しGoogleの認証画面に遷移します。認証が成功すると、ブラウザに「Firebase CLI Login Successful」が表示され、CLI上にも「Success! Logged in as xxxxxxxxxx@gmail.com」が表示されます（図12.15）。

```
# Firebaseのログイン
$ firebase login

(FirebaseがCLIの使用状況やエラー情報を匿名で収集することに同意するかの質問
同意する場合はY、同意しない場合はnを入力)
? Allow Firebase to collect anonymous CLI usage and error reporting information?
 No

Visit this URL on any device to log in:
https://accounts.google.com/o/oauth2/auth?…省略…
Waiting for authentication...

(ブラウザが開き、Googleの認証画面が表示されます。)

(Googleの認証が成功すると、このメッセージが表示されます。)
  Success! Logged in as xxxxxxxxxx@gmail.com
```

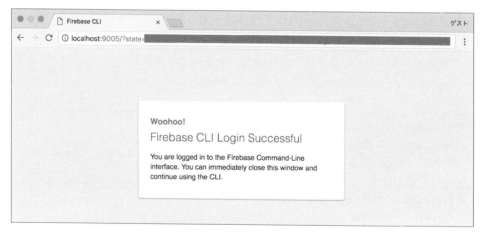

図12.15　ブラウザ側のログイン成功画面

間違って別のアカウントでログインしてしまった場合は、firebase logoutでログアウトできます。

```
# Firebaseのログアウト
$ firebase logout
  Logged out from xxxxxxxxxx@gmail.com
```

## 12.2 Firebaseについて

では、Firebase Hostingにcreate-react-appで作成したアプリケーションをデプロイしてみましょう。まず、create-react-appでアプリケーションの雛形を作成します。以下のコマンドを入力してください。

```
$ create-react-app firebase-hosting-example
```

作成した雛形のディレクトリでfirebase initを実行すると、対話型のインタフェースでFirebaseの設定ができます。

```
# 雛形のディレクトリに入る
$ cd firebase-hosting-example
# Firebaseの設定の初期化
$ firebase init
…対話型インタフェースが開始する…
```

firebase initの各設問の意味は以下の通りです。今回は「Hosting」のみ選択していますが、他のFirebaseサービスを選択した場合、これ以外にも設問がある場合があります。

- Which Firebase CLI features do you want to setup for this folder? Press Space to select features, then Enter to confirm your choices.
  利用するFirebaseのサービスの選択。↑↓で移動し、スペースキーで選択・未選択を切り替えることができます。
- Select a default Firebase project for this directory:
  紐付けるFirebaseプロジェクトの選択。コンソールで作成したプロジェクト名の一覧が表示されます。ここからプロジェクトを作成することもできます。
- What do you want to use as your public directory?
  どのディレクトリをHostingで公開するかの設定。Hostingを選択すると表示されます。デフォルトは`public`ですが、`create-react-app`の場合は`build`以下に公開するファイルが出力されますので、適宜変更しましょう。この項目は生成される設定ファイルを修正することで変更が可能です。
- Configure as a single-page app (rewrite all urls to /index.html)?
  シングルページアプリケーションとして設定するか。この設問にYesで回答すると、全てのリクエストに対してindex.htmlを返すように設定します。この設定はあとで変更が可能です。この設定を有効化することでBrowser Historyによるルーティングを行うことが

可能になります。

- File build/index.html already exists. Overwrite?
  create-react-appでプロジェクトを作成しビルドしている場合、build/index.htmlが既に存在するためこのような質問が表示されます。create-react-appが出力したindex.htmlを利用したいので「N（No）」で回答します。

図12.16　firebase init実行後の画面

firebase init実行後に.firebasercとfirebase.jsonが出力されます（図12.14）。firebase init実行時の入力を変更したい場合は各ファイルを修正します。

.firebasercはリスト12.2のように、選択したFirebaseプロジェクトのIDが記述されています。

リスト12.2　FirebaseプロジェクトのIDの例

```
{
  "projects": {
    "default": "react-redux-book-test"
  }
}
```

firebase.jsonにはFirebaseの各サービスの設定が記述されています。今回はHostingのみなので、**リスト12.3**の通りhostingフィールドに設定が記述されています。

"Configure as a single-page app (rewrite all urls to /index.html)?"の設問でyesと答えていた場合、**rewrites**のフィールドが作成されます。すべてのURLへのアクセスをindex.htmlで処理するという設定により、Browser Historyによるルーティングが可能になります。

リスト12.3　hostingフィールドの記述

```
{
  "hosting": {
    "public": "build",
    "ignore": [
      "firebase.json",
      "**/.*",
      "**/node_modules/**"
    ],
    "rewrites": [
      {
        "source": "**",
        "destination": "/index.html"
      }
    ]
  }
}
```

Firebase Hostingへのデプロイは、firebase deployを実行するだけです。firebase.jsonのhosting.ignoreフィールドに記述されたファイルパス以外のファイルがデプロイされ、hosting.publicフィールドに記述されたディレクトリが公開されます。次のコマンドを入力してください。

```
# ビルド、build以下に各ファイルが出力される
$ npm run build

# Hostingへのデプロイ
$ firebase deploy

=== Deploying to 'プロジェクトID'...

i  deploying hosting
i  hosting: preparing build directory for upload...
```

```
  hosting: 10 files uploaded successfully

  Deploy complete!
Project Console: https://console.firebase.google.com/project/プロジェクトID/
overview
Hosting URL: https://プロジェクトID.firebaseapp.com
```

　Hosting URL:の部分に公開URLが表示されるのでアクセスすると、create-react-appの初期のアプリケーションが表示されます（図12.15）。

図12.15　create-react-appの雛形をデプロイ

　Firebase Hostingにcreate-react-appの雛形をデプロイできました。
　以上のように、コマンド2つで簡単にデプロイできましたね！手軽で高機能なのがFirebaseのよいところです。日本語のドキュメントも充実しており、バックエンドがあまり得意でない方も気軽に始めることができそうです。
　最後に、Hostingでの公開を止めたい場合は、firebase hosting:disableを実行します。実行すると「あなたのサイトはすぐにアクセスできなくなりますが、本当に大丈夫ですか？」という警告文が表示されるので、「Y」と回答するとアプリケーションの公開が停止します（図12.16）。

```
# Hostingでの公開を停止
$ firebase hosting:disable
? Are you sure you want to disable Firebase Hosting?
  This will immediately make your site inaccessible! Yes
  Hosting has been disabled for プロジェクトID. Deploy a new version to re-enable.
```

12.2 Firebaseについて

図12.16 停止後の画面

## Firebaseのメリット・デメリット

ここまで説明したように、Firebaseのメリットは以下の通りです。

- 日本語ドキュメントが充実している
- APIがシンプル
- Realtime Databaseや認証機能など、多機能・高機能

　FirebaseはGoogleが運営していることもあり、日本語のドキュメントがとても充実しています。また、APIがシンプルなのでチュートリアルを進めるだけである程度サービスを利用することができます。また、Realtime Databaseや認証機能など、アプリケーションを作成する際に必要な機能がほとんどそろっており、Firebaseだけで完結できるかもしれません。

　デメリットは、とても便利なプラットフォームで依存しやすく、依存が強くなると他のプラットフォームへの移行が難しくなることです。他のプラットフォームでも同様のことがいえるので、割り切って最大限活用し移行時にはフルスクラッチで作り直す覚悟を持って使うか、SDKの利用部分を疎結合に保って開発するか、利用する前にアプリケーションの寿命や性質を考えて戦略を練りましょう。

# 第13章
# サーバサイドレンダリング

サーバサイドレンダリングについて、
サーバサイドレンダリングとは何か？から、
React.jsやReduxにおける
サーバサイドレンダリングについて、
Reactのバージョンごとのサーバサイドレンダリングの
実装の違いについて解説します。

## 13.1 サーバサイドレンダリングとは？

　これまでの章で解説したアプリケーションは、シングルページアプリケーションと呼ばれるもので、ブラウザ上で実行されるJavaScriptでページの描画に必要なDOMを構築します。よって、ブラウザにJavaScriptのソースファイルがダウンロードされ、それらが実行されるまでの間、ブラウザは真っ白のページが表示された状態になってしまいます。ユーザーの通信環境が悪ければ悪いほど、また読み込むJavaScriptのソースファイルの容量が大きければ大きいほど、その時間は長くなり、ユーザー体験（UX）が損なわれてしまいます。サーバサイドレンダリングとは、シングルページアプリケーションがブラウザ上で構築するDOM構造をサーバサイド側で予めHTMLとして生成しブラウザに返す手法です。サーバサイドレンダリングを用いることで、ユーザーにコンテンツを表示するまでの時間を短縮することができます。

### サーバサイドレンダリングは必須ではない

　シングルページアプリケーションにおけるサーバサイドレンダリングのメリットを上げると、

1. 初期表示が早くなる
2. JavaScriptがまともに動かないレガシーなブラウザにもコンテンツを表示できる

　1に関しては先ほど説明した通りです。2に関しては、IE8以前のブラウザなど、そもそもReactがサポートしていないブラウザからのリクエストでも、コンテンツを表示することができます（表示された後に正常に使用できるかは別問題ですが）。

　逆に、デメリットは以下です。

1. サーバへの負荷が高まる
2. アプリケーションが複雑になる

　サーバサイドレンダリングは負荷の高い処理です。アプリケーションが大きくコンポーネントの数が多ければ多いほどReact Elementの構造を生成する処理にCPUもメモリも消費しま

すし、それをブラウザからのリクエストごとに実行します。それらの負荷を軽減するためにサーバサイドレンダリングの結果をキャッシュするなどの工夫が必要です。React単体ではそれほどですが、Reduxによる状態管理やreact-routerなどのページルーティングが絡んでくるとサーバサイドレンダリングの実装はどんどん複雑になっていきます。

　以前は検索エンジンのクローラーがJavaScriptを実行できず、シングルページアプリケーションではサーバサイドレンダリングを実行しないとURLに紐づくページのコンテンツが正常にインデックスされなかったため、SEOが重要なサービスではサーバサイドレンダリングは重要でした。しかし、JavaScriptを実行できるクローラーが登場し、SEOが重要なサービスにおいても、サーバサイドレンダリングは必須ではありません。ですので、「サーバサイドレンダリングはいいものなので絶対実装しよう！」と何も考えずに導入するのではなく、メリット・デメリットを理解し、コストやデメリット以上の効果があるかを検討した上で導入することが大切です。

##  Reactにおけるサーバサイドレンダリングの流れ

　Reactには、React ElementをHTMLに変換する関数が用意されています。なので、他のフレームワークやライブラリに比べ、サーバサイドレンダリングを実装するのが簡単です。ReactにおけるサーバサイドレンダリングはReactにおけるサーバサイドレンダリングは、以下の流れで行います（図13.1）。

1. ＜ブラウザ＞サーバにリクエストを送信
2. ＜サーバ＞リクエストを受信
3. ＜サーバ＞データベースや外部のAPIサーバ等からページに必要なデータを取得（必要であれば）
4. ＜サーバ＞3のデータを元にReact Elementを構築し、HTMLに変換
5. ＜サーバ＞ブラウザで動作するJSに引き継ぐために、3のデータをシリアライズ
6. ＜サーバ＞4, 5を埋め込んだ完全なHTMLを生成
7. ＜サーバ＞6をレスポンスとして送信
8. ＜ブラウザ＞レスポンスを受信
9. ＜ブラウザ＞HTMLやCSSなどのスタイルをパースし、コンテンツを描画
10. ＜ブラウザ＞JSを実行
11. ＜ブラウザ＞5を元にアプリケーションの状態を復元、React Elementを構築
12. ＜ブラウザ＞11のReact Elementを描画

第13章 サーバサイドレンダリング

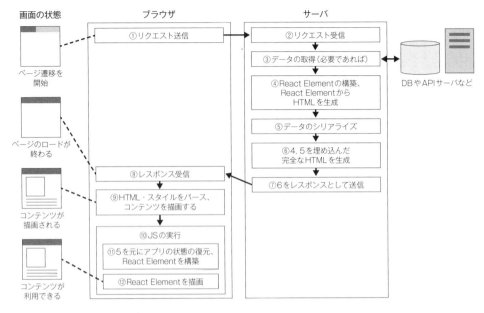

図13.1 サーバサイドレンダリングの流れ

注意が必要なのは、Reactのv16でサーバサイドレンダリングに関係するAPIに変更があり、上記の流れの一部がReactのバージョンがv15以前とv16以降で少し違うことです。では、具体的なAPIをサンプルコードを交えて解説していきます。

##  React v15以前のサーバサイドレンダリング

Reactのv15以前のバージョンでは、react-domに含まれるReactDOMServer.rednerToString関数とReactDOM.render関数を使ってサーバサイドレンダリングを行います。

### ReactDOMServer.renderToString関数

react-domに含まれるReactDOMServer.renderToString関数は、渡されたReact ElementをHTMLの文字列に変換して返します。この関数を使うと他のフレームワークと比較して簡単にサーバサイドレンダリングを行うことができます。

では、小さいサンプルでReactDOMServer.renderToString関数の動作を試してみましょう。適当なディレクトリと空のpackage.jsonを作成し、必要なnpmパッケージをインストールします。

## 13.1 サーバサイドレンダリングとは？

```
# サンプルを試すためのディレクトリ
$ mkdir hello-ssr
$ cd hello-ssr

# 空のpackage.jsonの作成
$ echo "{}" > package.json

# 必要なnpm packageのインストール
$ npm install --save-dev babel-cli babel-preset-react babel-preset-env
$ npm install --save react react-dom
```

ReactDOMServerは、CommonJS形式であれば、const ReactDOMServer = require('react-dom/server'); ES Modulesであれば、import ReactDOMServer from 'react-dom/server';で読み込むことができます。ReactDOMServer.renderToString関数は、第一引数に渡したReact ElementをHTMLの文字列に変換します（リスト13.1）。

**リスト13.1** ReactDOMServer.renderToString関数

```
// renderToString.js
import React from 'react';
import ReactDOMServer from 'react-dom/server';

// React ElementをHTMLの文字列に変換
const html = ReactDOMServer.renderToString(
  <h1>Hello, SSR!</h1>
);

console.log(html);
```

babel-cliパッケージに含まれるbabel-nodeコマンドは、Babelで変換したソースをNode.jsで実行します。下記のコマンドは、上記のソースコードに含まれるJSXをBabelのbabel-preset-reactで変換後、Node.jsで実行した結果をコンソールに出力しています。

```
# babel-node: Babelで変換後にNode.jsで実行
$ babel-node --presets react,env renderToString.js
<h1 data-reactroot="" data-reactid="1" data-react-checksum="-44166817">⏎
Hello, SSR!</h1>
```

出力結果を見ると、<h1>タグに "Hello, SSR!" が出力されていることが確認できます。ま
た、<h1>タグにJSX上に記述していない属性が付いていますが、それらの属性は、Reactが内
部的に利用します。data-reactroot、data-reactidは、ReactがDOM要素を管理する時の目印
として使う属性で、特に気にする必要はありません。data-react-checksumは、構築したReact
Elementがサーバとクライアントで一致しているかチェックするために利用されるハッシュ値
です。data-react-checksumの値がサーバとクライアントで一致する場合、サーバ側が出力し
た構造をクライアント側でも使いまわすので、クライアントで再描画は発生しません。逆に不
一致の場合は、サーバで出力したHTMLによって構築されたDOM要素を破棄し、クライア
ントで構築したReact Elementを使って再描画します。上記のサンプルでは静的な構造を出
力しているのでサーバとクライアントでdata-react-checksumの値が不一致になることはあり
えません。実際のアプリケーションではデータベースやファイルなどに保存されているデータ
を元に描画するReact Elementを構築しますので、サーバサイドで用いたデータをそのままク
ライアントに引き継がないと同じ構造のReact Elementを構築できず、せっかくサーバサイド
レンダリングしたのにクライアント側で再描画されてしまいます。

### ReactDOMServer.renderToStaticMarkup関数

ReactDOMServerには、renderToString関数とそっくりのrenderToStaticMarkup関数があ
りますのでそちらについても紹介します。ReactDOMServer.renderToStaticMarkup関数は、
renderToString関数と同様に、React ElementをHTMLの文字列に変換します。renderTo
String関数はdata-react-checksumなどのReactが内部的に利用する属性を付与していましたが、
renderToStaticMarkup関数はそれらの属性が付いていないまっさらなHTMLを出力します。
さきほどのサンプル（[renderToString.js]）のrenderToString関数をrenderToStaticMarkup関
数に修正しただけのサンプル（[renderToStaticMarkup.js]）を用意し（**リスト13.2**）、実行し
てみます。

**リスト13.2** renderToStaticMarkup関数

```
// renderToStaticMarkup.js
import React from 'react';
import ReactDOMServer from 'react-dom/server';

// React ElementをHTMLの文字列に変換
const html = ReactDOMServer.renderToStaticMarkup(
  <h1>Hello, SSR!</h1>
);

console.log(html);
```

```
# renderToStaticMarkup.jsを実行
$ ./node_modules/.bin/babel-node --presets react,env renderToStaticMarkup.js
<h1>Hello, SSR!</h1>
```

出力されたHTMLには、data-reactidやdata-react-checksumのような属性がありません。renderToStaticMarkup関数はサーバサイドレンダリングとは直接的には関係ありませんが、サーバサイドでMustacheやHandlebarsのようなテンプレートエンジンとしてReactを使いたい場合など、React Elementを普通のHTMLとして出力したいケースに有用です。

### ReactDOMServer.renderToString関数を使ったサーバサイドレンダリング

ReactDOMServer.renderToString関数の動作がわかったところで、実際のサーバサイドレンダリングの流れにより近いサンプルで動作を検証しましょう。サンプル用のディレクトリを作成し、そのディレクトリの中に空のpackage.jsonを作成します。

```
# ディレクトリの作成
$ mkdir ssr-on-react-v15
$ cd ssr-on-react-v15

# 空のpackage.jsonの作成
$ echo "{}" > package.json
```

まず、クライアントサイドのコードを記述します。依存するnpmパッケージとして、reactとreact-dom、記述したコードをブラウザ上で動作する静的なファイルに変換するためのwebpack、JSXやES2015以降のシンタックスを変換するために必要なBabel関連のパッケージをインストールします。

```
# react, react-domのインストール
$ npm install --save react react-dom

# webpack, Babel関連のパッケージのインストール
$ npm install --save-dev \
    webpack \
    babel-loader \
    babel-preset-react \
    babel-preset-env
```

描画された時間をUNIX時間（1970年1月1日 00:00:00 UTCからの経過時間）で表示するAppコンポーネントを定義します。描画された時間は、AppコンポーネントのpropsのrenderedAtに対してDateインスタンスを渡します。時間だけですが動的なデータが含まれていますので、アクセスしたタイミングによってページの内容が変化します。

リスト13.3　描画された時間をUNIX時間で表示する（App.js）

```js
// App.js
import React from 'react';

function App({ renderedAt }) {
  return (
    <div>
      <h1>Hello, SSR!</h1>
      <p>renderedAt: {renderedAt.getTime()}</p>
    </div>
  );
}

export default App;
```

Appコンポーネントをクライアントサイドで描画する処理を［client.js］に記述します。描画した時間を表示するためにDateインスタンスを生成し、AppコンポーネントのrenderedAtに渡します（リスト13.4、❶）。

リスト13.4　クライアントサイドで描画する（client.js）

```js
// client.js
import React from 'react';
import ReactDOM from 'react-dom';
import App from './App';

const now = new Date();

ReactDOM.render(
  <App renderedAt={now} />,                                    ❶
  document.getElementById('root')
);
```

クライアントサイドの準備が整いましたので、webpackを使ってブラウザ上で動作する静的

なJavaScriptファイルを生成します。まず、webpackの設定ファイルを記述します。下記の内容を［webpack.config.js］に保存してください。webpackを実行すると、［client.js］を起点として依存するファイルを束ねた静的なコードを［client.bundle.js］に出力します。また、その過程で読み込む拡張子が.jsのファイルに、Babelのトランスパイルを行います。

リスト13.5　ブラウザ上で動作する静的なJavaScriptファイルを生成（webpack.config.js）

```javascript
// webpack.config.js
// webpackの設定ファイル
module.exports = {
  // client.jsを起点にする
  entry: './client.js',

  // 出力に関する設定
  output: {
    // 出力ファイル名
    filename: 'client.bundle.js'
  },

  module: {
    rules: [
      // babel-loaderの設定
      //
      // - 拡張子が.jsのファイルにBabelのトランスパイルを実行
      // - 下記のプリセットを指定
      //    - babel-preset-env
      //    - babel-preset-react
      {
        test: /\.js$/,
        loader: 'babel-loader',
        options: {
          presets: ['env', 'react']
        }
      }
    ]
  }
};
```

webpackを実行します。［client.bundle.js］が出力されます（Hashに表示される値や出力ファイルのサイズは、Reactやwebpackなどのバージョンによって下記の値と異なる可能性があります）。

## 第13章　サーバサイドレンダリング

```
$ ./node_modules/.bin/webpack
Hash: 9eca159b8fed692311a2
Version: webpack 3.6.0
Time: 7230ms
           Asset     Size  Chunks                    Chunk Names
client.bundle.js   794 kB       0  [emitted]  [big]  main
   [15] ./client.js 505 bytes {0} [built]
   [32] ./App.js 605 bytes {0} [built]
     + 31 hidden modules
```

［client.bundle.js］の動作確認をします。以下のHTMLを保存し、ブラウザで開きます。正常に動作していれば、renderedAt:の後に表示される数字がリロードするたびに変化します（図13.2）。

リスト13.6　［client.bundle.js］の動作確認

```
<!-- test.html -->
<!DOCTYPE html>
<html lang="ja">
  <head>
    <meta charset="UTF-8">
    <title>クライアントサイドの動作確認</title>
  </head>
  <body>
    <!-- 描画先要素 -->
    <div id="root"></div>

    <!-- webpackが出力したファイル -->
    <script src="client.bundle.js"></script>
  </body>
</html>
```

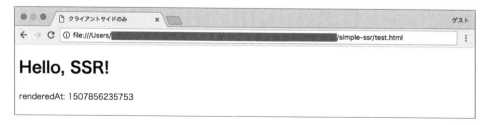

図13.2　simple-ssr/test.htmlの動作画面

## 13.1 サーバサイドレンダリングとは？

次にサーバサイドを実装します。まず、必要なnpmパッケージをインストールします。JSXを記述しますので、先ほどと同様にbabel-cliとbabel-preset-reactに--save-devとオプションを付けて、インストールします。Node.jsにはHTTPサーバを立てるための標準モジュールがありますが、静的ファイルの配信なども自前で制御する必要があり少し面倒なので、Webアプリケーションフレームワークのexpressをインストールします。

```
# babel-cli, babel-preset-reactのインストール
$ npm install --save-dev babel-cli babel-preset-react

# expressのインストール
$ npm install --save express
```

では、サーバサイドを実装していきます。まず、React関連のパッケージとexpress、Appコンポーネントをimportします（**リスト13.7**）。

**リスト13.7** React関連のパッケージをimport

```javascript
// server.js
// React関連パッケージ
import React from 'react';
import ReactDOMServer from 'react-dom/server';
// express
import express from 'express';
// Appコンポーネント
import App from './App';
```

expressでブラウザからのリクエストを受け付けるWebサーバを構築します。importしたexpressは実行するとインスタンスを返す関数です（**リスト13.8**）。

**リスト13.8** リクエスト受け付けるWebサーバを構築

```javascript
// expressのインスタンスを生成
const app = express();
```

Webサーバでは以下の2つのリクエストを制御しブラウザにレスポンスを返します。

- GET /
  サーバサイドレンダリングの結果のHTMLをレスポンスする

## 第13章　サーバサイドレンダリング

- GET /client.bundle.js
  GET / が返す HTML の <script> タグから発生するリクエスト
  webpack で生成した［client.bundle.js］の中身をレスポンスする

　HTTPのGETリクエストを処理するには、expressのインスタンス（app）のget関数に、パスと関数を渡します。GET /client.bundle.js を処理する場合は、第1引数に '/client.bundle.js'、第2引数にリクエストを受けた時に実行される関数を渡します。引数のreqはリクエストに関する情報が、resはレスポンスするためのメソッドが用意されています。今回は既に生成済みのファイルをそのまま返すので、res.sendFile関数を使います。res.sendFile関数は渡されたパスにあるファイルの中身をそのままレスポンスします（**リスト13.9**）。

**リスト13.9**　HTTPのGETリクエストを処理する

```
// GET /client.bundle.js
// client.bundle.jsの内容をそのまま返す
app.get('/client.bundle.js', (req, res) => {
  res.sendFile(path.join(__dirname, 'client.bundle.js'));
});
```

　このサンプルでは静的ファイルが1つしかないので、なるべく説明をシンプルにするためにapp.getとres.sendを使い［client.bundle.js］を直接返しています。ですが、本来はJavaScriptファイル以外に画像やCSSなどの複数の静的ファイルを返す必要があり、一つひとつapp.getを使って定義するのは無駄に同じようなコードを増やすだけです。そのような場合はexpress.staticミドルウェアを使い、指定したディレクトリ以下にあるファイルをディレクトリ内のパス構成のままURLに割り当てる方が簡単です。実際にexpressを使ってアプリケーションを構築する際には、そちらを使ってください。

**リスト13.10**　express.staticミドルウェアの設定例

```
// express.staticミドルウェアの設定例
// staticディレクトリ以下のファイルをURLの/static以下に割り当り
app.use('/static', express.static(path.join(__dirname, 'static')));
```

　GET / を書く前に、Appコンポーネントを囲う大枠のHTMLを構築するHTMLコンポーネントを定義します。Appコンポーネントをサーバサイドレンダリングした結果のHTMLを、このHTMLコンポーネントで囲んでクライアントにレスポンスします（**リスト13.11**）。描画先要素のdangerouslySetInnerHTMLは、__htmlに渡された文字列をパースし得られた要素を

## 13.1 サーバサイドレンダリングとは？

子要素として追加します。DOM APIのinnerHTMLプロパティと同じ挙動です（使い方を誤ればクロスサイトスクリプト攻撃を許すことになってしまうので仰々しい名前になっています）。

リスト13.11　HTMLコンポーネントを定義

```
// HTMLコンポーネント
// Appコンポーネントを包む大枠のHTML
// 内容はtest.htmlとほぼ同じ
function HTML({ contents }) {
  return (
    <html lang="ja">
      <head>
        <meta charSet="UTF-8" />
        <title>シンプルなサーバサイドレンダリング</title>
      </head>
      <body>
        {/* 描画先要素 */}
        <div id="root" dangerouslySetInnerHTML={{ __html: contents }}></div>
        {/* webpackが出力したファイル */}
        <script src="client.bundle.js"></script>
      </body>
    </html>
  );
}
```

GET /のリクエストを処理する部分を記述します（**リスト13.12**）。

リスト13.12　GET /のリクエストを処理する

```
app.get('/', (req, res) => {
  // サーバサイドレンダリングの処理を記述する
  ...
});
```

Dateクラスのインスタンスを生成し、ReactDOMServer.renderToString関数を使って、AppコンポーネントをHTMLの文字列として出力します（**リスト13.13**）。

リスト13.13　AppコンポーネントをHTMLの文字列として出力

```
  // Dateインスタンスを生成
  const now = new Date();
  // AppコンポーネントをHTML文字列として出力
```

```
const contentsHTML = ReactDOMServer.renderToString(
  <App renderedAt={now} />
);
```

contentsHTMLをHTMLコンポーネントで囲んで、クライアントに返す完全なHTMLを生成します。Reactの管理範囲外の要素なので、HTMLコンポーネントはrenderToStaticMarkup関数でHTMLに変換します（**リスト13.14**）。

**リスト13.14**　クライアントに返す完全なHTMLを生成

```
// サーバサイドレンダリングの結果を大枠のHTMLで囲う
const fullHTML = ReactDOMServer.renderToStaticMarkup(
  <HTML contents={contentsHTML} />
);
```

res.send関数にfullHTMLを渡し、fullHTMLをクライアントに返します（**リスト13.15**）。これでGET /の処理は終わりです。

**リスト13.15**　fullHTMLをクライアントに返す

```
// クライアントにレスポンスを返す
res.send(fullHTML);
```

最後に、expressインスタンス（app）のlisten関数を実行し、Webサーバを起動します（**リスト13.16**）。

**リスト13.16**　Webサーバを起動

```
// ポート3000番でWebサーバを起動
app.listen(3000, () => {
  console.log('ポート3000番で起動...');
});
```

部分ごとに説明しましたが、それらをつなげた［server.js］の全貌は**リスト13.17**です。

**リスト13.17**　server.js

```
// server.js
import path from 'path';
// React関連のパッケージをimport
import React from 'react';
```

```js
import ReactDOMServer from 'react-dom/server';
// expressをimport
import express from 'express';
// Appコンポーネントをimport
import App from './App';

const app = express();

// GET /client.bundle.js
// client.bundle.jsの内容をそのまま返す
app.get('/client.bundle.js', (req, res) => {
  res.sendFile(path.join(__dirname, 'client.bundle.js'));
});

// HTMLコンポーネント
// Appコンポーネントを包む大枠のHTML
// 内容はtest.htmlとほぼ同じ
function HTML({ contents }) {
  return (
    <html lang="ja">
      <head>
        <meta charSet="UTF-8" />
        <title>シンプルなサーバサイドレンダリング</title>
      </head>
      <body>
        {/* 描画先要素 */}
        <div id="root" dangerouslySetInnerHTML={{ __html: contents }}></div>
        {/* webpackが出力したファイル */}
        <script src="client.bundle.js"></script>
      </body>
    </html>
  );
}

// GET /
// サーバサイドレンダリングの結果のHTMLを返す
app.get('/', (req, res) => {
  // Dateインスタンスを生成
  const now = new Date();
  // AppコンポーネントをHTML文字列として出力
  const contentsHTML = ReactDOMServer.renderToString(
    <App renderedAt={now} />
```

```
  );

  // サーバサイドレンダリングの結果を大枠のHTMLで囲う
  const fullHTML = ReactDOMServer.renderToStaticMarkup(
    <HTML contents={contentsHTML} />
  );

  // クライアントにレスポンスを返す
  res.send(fullHTML);
});

// ポート3000番でWebサーバを起動
app.listen(3000, () => {
  console.log('ポート3000番で起動...');
});
```

babel-nodeで、Babelによる［server.js］の変換、Node.jsで実行をします。コンソールに「ポート3000番で起動...」と表示されれば、起動に成功しています。

```
# server.jsを実行
# babel-nodeで変換&実行
$ ./node_modules/.bin/babel-node --presets react,es2015 server.js
ポート3000番で起動...
```

ブラウザで「http://localhost:3000」を開くと、図13.3のスクリーンショットのような画面が表示されるはずです。

図13.3　起動に成功

これだけではサーバサイドレンダリングがちゃんと動いているかよくわからないので、ソースコードを確認してみます（図13.4）。

13.1 サーバサイドレンダリングとは？

図13.4 ソースコード

ちゃんと<div id="root">以下にHTMLが出力された状態でレスポンスされているのが確認できます。サーバサイドレンダリングがうまくいっているかのように見えますが、コンソールに警告とエラーが出力されています（場合によっては、ファビコン画像の404のエラーも表示されているかもしれません）（図13.5）。

図13.5 警告とエラー

警告は、React v16で追加された新しいAPIを推奨する文言なので、後述するReact v16でのサーバサイドレンダリングを実施すれば表示されなくなります。「Warning: Text content did not match.」で始まるエラーは、サーバサイドレンダリングで出力したHTMLによって構築されたDOM要素の構造と、クライアントサイドでReactDOM.render関数の呼び出しで構築された仮想DOMの構造の間に違いがある場合に出力されます。一致している場合は構築済みのDOM要素を使いまわしますが、異なっている場合は構築済みのDOM要素を破棄し、クライアントサイドで新たにDOM要素を構築し挿入します。よって、せっかくサーバサイドレンダリングを行っても、無駄にDOM操作が発生してしまいます。現状のサンプルコードでは、AppコンポーネントのrenderedAtに渡す時刻をサーバとクライアントそれぞれで生成し

283

ているので、差異が発生しています。サーバで生成した時刻をクライアントに引き継ぐことで、両方の出力が一致し、無駄なDOM操作を防ぐことができます。

では、サーバサイドのサンプルコード（[server.js]）を、生成した時刻をクライアントに引き継ぐように修正しましょう。サーバが返すHTMLにデータ引き継ぎ用の<script>タグを追加し、そのタグのカスタムデータ属性（data-で始まる属性）にサーバで生成したDateインスタンスを設定します。Dateインスタンスのままでは属性に記述できませんので、UNIXタイムスタンプの文字列に変換します。具体的な変更箇所は**リスト13.18**の通りです。

**リスト13.18**　サーバで生成したDateインスタンスを設定（server.js）

```
// server.js
…省略…

// HTMLコンポーネント
function HTML({ contents, now }) { // <追加> props.now
  return (
    <html lang="ja">
      <head>…省略…</head>
      <body>
        {/* 描画先要素 */}
        <div id="root" dangerouslySetInnerHTML={{ __html: contents }}></div>

        {/* <追加> データ引き継ぎ用の<script>タグ */}
        <script
          type="text/plain"
          id="server-now"
          data-server-now={now.getTime() + ''}
        ></script>

        {/* webpackが出力したファイル */}
        <script src="client.bundle.js"></script>
      </body>
    </html>
  );
}

app.get('/', (req, res) => {
  …省略…

  const fullHTML = ReactDOMServer.renderToStaticMarkup(
```

```
    // <追加> nowをpropsに渡す
    <HTML contents={contentsHTML} now={now} />
  );

  …省略…
});
```

クライアントのサンプルコード（[client.js]）は、データ引き継ぎ用の<script>タグから
Dateインスタンスを復元し、それをAppコンポーネントのrenderedAtに渡すように修正しま
す。

**リスト13.19** サンプルコードの修正（client.js）

```
// client.js
import …省略…;

// サーバからのデータ
const serverNowString =
  document.getElementById('server-now').getAttribute('data-server-now');
// サーバのDateインスタンスを復元する
const now = new Date(
  // 文字列から数値に変換する
  parseInt(serverNowString, 10)
);

ReactDOM.render(
  <App renderedAt={now} />,
  document.getElementById('root')
);
```

修正が完了したら、webpackを実行し、[client.bundle.js]を生成します。その後、[server.
js]を実行し、Webサーバを起動します。

第13章　サーバサイドレンダリング

```
# webpackの実行（出力結果は環境によって異なる場合があります）
$ ./node_modules/.bin/webpack
Hash: 5fd4951797f8bda50873
Version: webpack 3.6.0
Time: 7784ms
           Asset    Size  Chunks                    Chunk Names
client.bundle.js  794 kB       0  [emitted]  [big]  main
  [15] ./client.js 702 bytes {0} [built]
  [32] ./App.js 605 bytes {0} [built]
    + 31 hidden modules

# server.jsの実行
$ ./node_modules/.bin/babel-node --presets react,es2015 server.js
ポート3000番で起動...
```

ブラウザで「http://localhost:3000」を開き、コンソールに表示されていた警告やエラーが消えていることを確認しましょう（図13.6）。

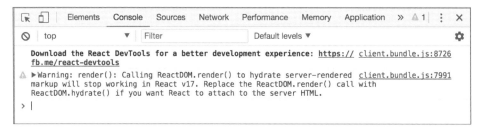

図13.6　警告やエラーが消えていることを確認

長くなりましたが、以上がReact v15以前におけるサーバサイドレンダリングの方法でした。

## 13.2 React v16以降のサーバサイドレンダリング

ここからは、React v16以降のサーバサイドレンダリングについて解説します。

###  React v16でのサーバサイドレンダリングの変更点

React v16は、React Fiberと呼ばれる新しいアーキテクチャを導入し、内部実装が大幅に書き換えられました。その変更の中で、サーバサイドレンダリングを実装する際に意識する変更点は以下です。

- ReactDOMServer.renderToNodeStream関数の追加
- ReactDOM.hydrate関数の追加

ReactDOMServer.renderToString関数の代替となるReactDOMServer.renderToNodeStream関数が追加され、サーバサイドレンダリングの結果のHTMLをNode.jsのStreamで出力できるようになりました。それにより、renderToString関数では結果のHTMLが全て揃ってからクライアントにレスポンスを返す必要がありましたが、renderToNodeStream関数ではでき上がったHTMLを順次クライアントに返すことができるため、クライアントが最初のレスポンスを受け取る時間が早くなります。

React v15以前はサーバサイドレンダリングの有無に関わらず、クライアントサイドではReact Elementの描画にReactDOM.render関数を使います。React v16では、ReactDOM.hydrate関数が追加され、サーバサイドレンダリング時はReactDOM.hydrate関数、そうではない場合はReactDOM.render関数という風に明確に区別するようになりました。ReactDOM.hydrate関数は、サーバサイドレンダリングによって構築済みのDOM要素とクライアントサイドで構築した仮想DOMの厳密な比較は行わず、構築済みのDOM要素をなるべくそのまま使いまわします。ReactDOM.render関数の挙動は、React v16では後方互換性が保たれていますが、React v17以降は保証されていませんのでご注意ください。React v15では要素の比較を行うためにチェックサムを用いていましたが、そのチェックサムの計算は負荷が高い処理でした。React v16ではその処理がなくなった分、パフォーマンスは向上しています。また、さきほどのサンプルコードでは、renderToString関数で出力したHTMLを、render

## 第13章　サーバサイドレンダリング

ToStaticMarkup関数で出力した大枠のHTMLで囲う、というちょっと回りくどい実装になっていました。厳密な比較がなくなったことで、renderToNodeStream関数だけで完結します。一方で、サーバサイドとクライアントサイドで出力内容が一致している必要性は変わっていません。ですが、React v16以降はサーバサイドの出力に不備があっても、クライアントでその要素を取り除けない可能性があります。開発モードではサーバサイドとクライアントサイドで出力内容に不一致がある場合に警告を出すので、それを元にしっかりデバッグしましょう。

### ReactDOMServer.renderToNodeStream関数、ReactDOM.hydrate関数を使ったサンプルコード

では、さきほどのサンプルコードを、ReactDOMServer.renderToNodeStream関数、ReactDOM.hydrate関数で書き直してみましょう。

まずは、[server.js]を修正します（**リスト13.20**）。まず、大枠のHTMLであるHTMLコンポーネントのprops.contentsをprops.childrenに変え（❶）、HTML文字列ではなくReact Elementを直接<div id="root">の子要素に展開するように修正します（❷）。

リスト13.20　サンプルコードの修正（server.js）

```
// HTMLコンポーネント
function HTML({ now, children }) { // contents → children  ──❶
  return (
    <html lang="ja">
      <head>…省略…</head>
      <body>
        {/* 描画先要素 */}
        {/*
          React v15以前
          <div id="root" dangerouslySetInnerHTML={{ __html: contents }}></div>
        */}
        {/* React v16以降 */}
        <div id="root">{children}</div>  ──❷

        …省略…
      </html>
  );
}
```

## 13.2 React v16以降のサーバサイドレンダリング

次に、app.get('/', …)の中身を修正します（**リスト13.21**）。renderToString関数とrenderToStaticMarkup関数の呼び出しを、renderToNodeStream関数の呼び出しに書き換えます（❶）。修正前は、renderToString関数の結果をHTMLコンポーネントに埋め込み、renderToStaticMarkup関数で出力する、という実装でした。それは、renderToString関数とクライアントサイドのReactDOM.render関数に渡すReact Elementが完全に一致させるためには、大枠のHTMLと別で出力する必要があったからです。React v16では厳密な比較を行わなくなったため、renderToNodeStream関数で大枠のHTMLもまとめて処理できます。最後に、生成した結果をクライアントに返す部分ですが、今までは文字列でしたのでres.send関数を使っていましたが、Node.jsのStreamになったのでstream.pipe(res)という書き方に修正します（❷）。

リスト13.21　stream.pipe(res)という書き方に修正（server.js）

```
app.get('/', (req, res) => {
  // Dateインスタンスを生成
  const now = new Date();

  // React v15以前
  // const contentsHTML = ReactDOMServer.renderToString(
  //   <App renderedAt={now} />
  // );
  // const fullHTML = ReactDOMServer.renderToStaticMarkup(
  //   <HTML contents={contentsHTML} now={now} />
  // );

  // React v16以降
  // Node.jsのStreamを出力
  const stream = ReactDOMServer.renderToNodeStream(      ──❶
    <HTML now={now}>
      <App renderedAt={now} />
    </HTML>
  );

  // クライアントにレスポンスを返す
  // React v15以前
  // res.send(fullHTML);
  // React v16以降
  stream.pipe(res);                                       ──❷
});
```

## 第13章 サーバサイドレンダリング

これで、サーバサイドの修正は終わりです。renderToNodeStream関数を使うことで、かなりシンプルな実装になりました。

続いて、［client.js］を修正します（**リスト13.22**）。こちらはReactDOM.render関数をReactDOM.hydrate関数に書き換えるだけです（❶）。

**リスト13.22** client.jsを修正

```
// client.js
…省略…

// React v15以前
// ReactDOM.render(
// React v16以降
ReactDOM.hydrate(  ─────────────────────────────── ❶
  <App renderedAt={now} />,
  document.getElementById('root')
);
```

これで変更は以上です。

動作確認をしましょう。まず、webpackを実行し、［client.bundle.js］を再度生成します。その後、［babel-nodeでserver.js］を実行し、Webサーバを起動します。

```
# client.bundle.jsの再生成
$ ./node_modules/.bin/webpack

# Webサーバの起動
$ ./node_modules/.bin/babel-node --preset env,react server.js
ポート3000番で起動...
```

ブラウザで「http://localhost:3000」を開き、動作を確認します。見た目は全く変わりませんが、コンソールに出力されていた警告が表示されなくなっています（**図13.7**）。

## 13.2 React v16以降のサーバサイドレンダリング

図13.7 警告が表示されなくなる

また、ページのソースコードを確認すると、data-react-idやdata-react-checksumなどの属性も消えています（図13.8）。

図13.8 ソースコードの確認

### 実装時の注意点

サーバサイドレンダリングを実装する際には、クライアント（ブラウザ）とサーバ（Node.js）の両方で同じJavaScriptのコードが実行されることを意識する必要があります。不用意にコンポーネントのコンストラクターやrender関数の中でブラウザにしか存在しないAPIを参照していると、サーバサイドレンダリング時にはそれらのAPIが存在せず、実行時にエラーが発生してしまいます。サーバサイドレンダリングの利用を視野に入れている場合は、なるべく

実行環境に関わらず動作するコードを記述しましょう。ちなみに、クライアントとサーバ（Node.js）のどちらでも動作するコードを、Isomorphic JavaScript（Isomorphicはアイソモーフィックと発音）と呼びます。また、広いJavaScriptの動作環境を意識して記述したコードをUniversal JavaScriptと呼びます。また、どうしてもブラウザでしか動かないAPIを利用する時は、コンポーネントのcomponentDidMount関数内や、サンプルの［client.js］のようにブラウザで動作することが保証されている場所に記述するように心がけましょう。

##  Reduxでのサーバサイドレンダリング

Reduxを利用している場合のサーバサイドレンダリングについて、解説します。基本的にはReact単体でのサーバサイドレンダリングと変わりません。以下の手順で行います。

1. reduxのcreateStore関数でStoreのインスタンスを生成
2. （必要であれば）Storeの状態を設定する
3. Storeの状態を引き継ぐためにJSON.stringify関数でJSONの文字列に変換する
4. react-reduxのProviderコンポーネントを使い、アプリケーションのコンポーネントにStoreを紐付け、ReactDOMServer.renderToNodeStream関数でHTMLに変換する
5. 4のHTMLをクライアントにレスポンスする

「2.（必要であれば）Storeの状態を設定する」に関しては、データベースや外部のAPIからデータを取得する、外部ファイルからデータを取得するなど、アプリケーションによって違いが出ると思います。リスト13.23のサンプルコードは、サーバサイドの実装イメージです。

リスト13.23　サーバサイドの実装イメージ

```
// サーバサイドの実装イメージ
…必要なimport文は省略…

const app = express();

app.get('/', (req, res) => {
  // 1. reduxのcreateStore関数でStoreのインスタンスを生成
  const store = createStore(reducers);

  // 2. Storeの状態を設定する
  // ex) データベース等からデータを取得し、
```

## 13.2 React v16以降のサーバサイドレンダリング

```
  //     Aciton経由でStoreの状態に設定する
  const data = getDBDataSync();
  store.dispatch(setServerData(data));

  // 3. Storeの状態を引き継ぐために`JSON.stringify`関数でJSONの文字列に変換する
  const stateJSON = JSON.stringify(store.getState());

  // 4. react-reduxのProviderコンポーネントを使い、
  //    アプリケーションのコンポーネントにStoreを紐付け、
  //    ReactDOMServer.renderToNodeStream関数でHTMLに変換する
  const stream = ReactDOMServer.renderToNodeStream(
    <HTML state={stateJSON}>
      <Provider store={store}>
        <App />
      </Provider>
    </HTML>
  );

  // 5. HTMLをクライアントにレスポンスする
  stream.pipe(res);
});
```

クライアントでは、サーバサイドで埋め込んだStoreの状態をJSON.parse関数で復元し、Storeの生成時にStoreの状態の初期値として流し込みます。あとは、react-reduxのProviderコンポーネントでStoreをアプリケーションのコンポーネントと紐付け、ReactDOM.hydrate関数を実行します（**リスト13.24**）。

**リスト13.24** クライアントサイドの実装イメージ

```
// クライアントサイドの実装イメージ
…必要なimport文は省略…

let initialState;
if (type window.storeState === 'string') {
  try {
    // サーバサイドで埋め込んだStoreの状態を復元
    initialState = JSON.parse(window.storeState);
  } catch (err) {
    console.error('failed to parse window.storeState');
  }
  delete window.storeState;
```

```
}

// Store生成時に復元した状態を流し込む
const store = createStore(reducers, initialState)

ReactDOM.hydrate(
  // Storeをアプリケーションのコンポーネントに紐付け
  <Provider store={store}>)
    <App />
  </Provider>,
  document.getElementById('root')
);
```

　以下は、第8章で作成したTodoアプリのサーバサイドレンダリングを行うサンプルコードです。create-react-appで作成したアプリケーションのサーバサイドレンダリングで気をつける点は、npm run build後に出力されるJavaScript・CSSのファイル名にハッシュ値が含まれるため、build/asset-manifest.jsonから動的にファイルパスを取得する必要があることです。第8章のサンプルコードの場合は、[src/index.js] は、ReactDOM.render を ReactDOM.hydrate に修正するだけです。

**リスト13.25**　Todoアプリのサーバサイドレンダリングを行うサンプルコード(server.js)

```
// src/server.js
import fs from 'fs';
import path from 'path';
import express from 'express';
import React from 'react';
import ReactDOMServer from 'react-dom/server';
import { Provider } from 'react-redux';
import App from './App';
import store from './store';

const app = express();

app.get('/', (req, res) => {
    // static以下のJS、CSSファイルのパス情報が取得できる
    const assetManifest = JSON.parse(
      fs.readFileSync(path.join(__dirname, '../build/asset-manifest.json'))
    );

    // DOCTYPEはJSXで描画できないためres.writeで書き出す
```

```
        res.write('<!DOCTYPE html>');

    const stream = ReactDOMServer.renderToNodeStream(
        /*
            build/index.htmlの内容をJSXとして記述
            - charsetをcharSetにする
            - metaタグなど明示的に閉じる
        */
        <html lang="en">
          <head>
            <meta charSet="utf-8" />
            <meta name="viewport" content="width=device-width,initial-scale=1,
shrink-to-fit=no" />
            <meta name="theme-color" content="#000000" />
            <link rel="manifest" href="/manifest.json" />
            <link rel="shortcut icon" href="/favicon.ico" />
            <title>React App</title>
            <link href={assetManifest['main.css']} rel="stylesheet" />
          </head>
          <body>
            <noscript>You need to enable JavaScript to run this app.</noscript>
            <div id="root">
              {/* アプリケーションのReact Element */}
              <Provider store={store}>
                  <App />
              </Provider>
            </div>
            <script type="text/javascript" src={assetManifest['main.js']}>
</script>
          </body>
        </html>
    );

    stream.pipe(res);
})

// その他の静的ファイルを返す
app.use(express.static(path.join(__dirname, '../build')));

// サーバを起動
app.listen(process.env.NODE_PORT || 3000, err => {
  if (err) {
```

```
      console.log('起動失敗', err);
  } else {
      console.log('起動...')
  }
});
```

　Todo アプリは非常にシンプルですが、react-router や Material-UI などのライブラリが絡むとサーバサイドレンダリングは更に複雑になります (かなり複雑でおまじない的なコードが多かったため、詳細は解説しません)。そもそもサーバサイドレンダリングに対応していないライブラリも存在するので、サーバサイドレンダリングが重要なサービスを開発する場合はライブラリ選定時にドキュメントを確認しましょう。

### Node.js 以外でのサーバサイドレンダリング

　Node.js 以外の環境でサーバサイドレンダリングを行う場合、その環境から JavaScript のコードを実行する必要があります。例えば、Ruby on Rails で React のサーバサイドレンダリングやビルド周りをよしなにやってくれる react-rails というライブラリの内部では、ExecJS というライブラリで JavaScript を実行することでサーバサイドレンダリングを実現しています。ExecJS は Ruby から JavaScript のコードを実行するためのライブラリで、利用可能な JavaScript の実行環境 (例えば、v8 や rhino、Node.js など) の中から最適なものを選択し、JavaScript のコードを実行します。Golang で React、Redux を使ったプロジェクトの雛形を提供している go-starter-kit では、goja という Golang で実装された JavaScript を利用しています。それぞれの方法についてここでは詳しく説明しませんので、気になる方はご自身で調べてみてください。このように Node.js 以外の環境でも React のサーバサイドレンダリングは可能ではありますが、Node.js 単体で実行するよりも処理が重くなってしまうのは明らかです。導入するときはサーバサイドレンダリングの結果をキャッシュし実行頻度を減らす、などの工夫が必要です。繰り返しになりますがサーバサイドレンダリング自体は必須ではありませんので、苦労して導入するに値するかをまず検討しましょう。

# 索引

## 記号

| | |
|---|---|
| .toBe | 227 |
| .toBeTruthy | 228 |
| .toContain | 228 |
| .toEqual | 228 |
| {} | 39 |
| <> | 38 |

## A

| | |
|---|---|
| Action | 7 |
| action | 11 |
| ActionCreator | 95 |
| ActionCreatorのテスト | 231 |
| activeClassName: | 128 |
| activeStyle: | 128 |
| addTodo | 78 |
| afterAll | 244 |
| afterEach | 243 |
| Angular.js | 5 |
| any | 69 |
| applyMiddleware | 96, 144 |
| areMergedPropsEqual | 114 |
| areOwnPropsEqual | 114 |
| areStatesEqual | 114 |
| Async/Await | 161 |

## B

| | |
|---|---|
| Babel | 43 |
| back | 138 |
| Backbone.js | 5 |
| basename | 125 |
| beforeAll | 244 |
| beforeEach | 243 |
| bind | 79 |
| Browser History | 247 |
| BrowserRouter | 124 |

## C

| | |
|---|---|
| camelケース | 39 |
| Cascade | 3 |
| children | 63, 125 |
| Class Component | 55 |
| className属性 | 34, 169 |
| CLI | 43 |

297

CoffeeScript ... 43
Collection ... 5
combineReducer ... 101
componentDidCatch ... 89
componentDidMount ... 86
componentDidUpdate ... 88
componentStack ... 89
componentWillMount ... 86
componentWillReceiveProps ... 86
componentWillUnmount ... 86
componentWillUpdate ... 88
Composite ... 3
connect ... 110
connectAdvanced ... 118
connectOptions ... 119
constructor ... 74
Container Component ... 109
contentsHTML ... 280
createBrowserHistory ... 131
create-react-app ... 18
createStore ... 96, 144
CSSOM ... 3

## D

defaultProps ... 70
dispatch ... 96
Dispatcher ... 7
Document Object Model ... 3

DOM ... 3

## E

ECMAScript ... 49
Element ... 40
element ... 57
enhancer ... 139
Enzyme ... 238
error ... 94
ES Modules ... 49
Eventオブジェクト ... 81
exact ... 128
export ... 49
export default ... 49

## F

Firebase ... 254
Flux ... 6
Flux Standard Action ... 94
forchRefresh ... 125
Fragmentコンポーネント ... 58
Full Dom Rendering ... 239
fullHTML ... 280
Functional Component ... 54

## G

| | |
|---|---|
| GET | 277 |
| getDisplayName | 119 |
| getState | 96 |
| getUserConfirmation | 125 |
| GitHub Pages | 246 |
| go | 132 |
| goBack | 132 |
| goForward | 132 |

## H

| | |
|---|---|
| handleChange | 82 |
| handleClick | 80 |
| Hash History | 247 |
| hashbang | 127 |
| HashRouter | 127 |
| history | 126 |
| history API | 123 |
| history.back | 123 |
| history.forward | 123 |
| htmlFor | 39 |
| HTMLのclass属性 | 34 |

## I

| | |
|---|---|
| initialState | 94 |

## J

| | |
|---|---|
| innerHTML | 279 |
| input要素 | 82 |
| isExact | 126 |
| isRequired | 69 |

| | |
|---|---|
| Jest | 226 |
| jest-fetch-mock | 233 |
| jQuery | 6 |
| JSX | 4, 32 |

## K

| | |
|---|---|
| keyLength | 125 |

## L

| | |
|---|---|
| Layout | 3 |
| Link | 127 |
| load | 138 |
| localStorage | 153 |
| location | 126 |

## M

| | |
|---|---|
| mapDispatchToProps | 112 |
| mapStateToProps | 111 |
| match | 126 |
| Material-UI | 171 |
| mergeProps | 112 |
| meta | 94 |
| methodName | 119 |
| Model | 5 |
| MVC | 6 |
| MVVM | 6 |

## N

| | |
|---|---|
| NavLink | 128 |
| next | 138 |
| Node.js | 18 |
| noslash | 127 |
| npm | 43 |

## O

| | |
|---|---|
| Object.assign | 15 |
| onClick | 81 |
| oneOf, | 69 |
| oneOfType, | 69 |
| Onsen UI | 171 |

| | |
|---|---|
| options | 114 |

## P

| | |
|---|---|
| Paint | 3 |
| params | 126 |
| Parser | 3 |
| path | 126 |
| payload | 94 |
| pop | 138 |
| Presentational Component | 109 |
| Promise | 160 |
| property initializer syntax | 80 |
| props | 60 |
| props.categoryId | 197 |
| propTypes | 66 |
| PropTypes.arrayOf | 67 |
| Provider | 110 |
| pure | 114 |
| push | 132 |

## Q

| | |
|---|---|
| qs | 200 |

**R**

React ····· 2
React Desktop ····· 171
React.createElement ····· 4
React.PureComponent ····· 87
React-Bootstrap ····· 171
ReactCSSTransitionGroup ····· 180
ReactDOM.hydrate ····· 287
ReactDOMServer.renderToNodeStream ····· 287
ReactDOMServer.renderToStaticMarkup ····· 272
react-redux ····· 109
react-router v4 ····· 124
react-router-redux ····· 129
Reactエレメント ····· 57
redirect ····· 138
redirectToError ····· 135
Reducer ····· 9
Reducerの定義 ····· 93
Redux ····· 9
Redux Middleware ····· 142
redux-actions ····· 95
redux-first-router ····· 136
redux-logger ····· 142
redux-mock-store ····· 233
redux-promise ····· 95
Reduxの3原則 ····· 9
Reduxの構成 ····· 93

render ····· 34, 86
renderCountProp ····· 119
replace ····· 132
replaceReducer ····· 96
res.send ····· 280
ResultSet ····· 190
ResultSet.firstResultPosition ····· 190
ResultSet.totalResultsAvailable ····· 190
ResultSet.totalResultsReturned ····· 190
Route ····· 126
routesMap ····· 137

 **S**

sampleAfterFunc ····· 243
sampleBeforeFunc ····· 243
selectorFactory ····· 118
setInterval ····· 86
setState ····· 77
setTimeout ····· 157
shortid ····· 159
shouldComponentUpdate ····· 87, 88
shouldHandleStateChanges ····· 119
slash ····· 127
Spread Operator ····· 11
state ····· 11, 75
state.tasks.push ····· 94
Store ····· 7
storeKey ····· 114, 119

Storeの生成 ... 95
style属性 ... 168
subscribe ... 96

## T

tasks ... 75
tasksReducer ... 95
thunkミドルウェア ... 152
transitionEnterTimeoutprops ... 180
treeコマンド ... 45
type ... 11
TypeScript ... 43

## U

UIライブラリ ... 168
uniqueId ... 75
url ... 126
URL Hash ... 123

## V

View ... 5, 7
Virtual DOM ... 3

## W

webpack ... 47
withRef ... 119

## Y

Yahoo!デベロッパーネットワーク ... 185

## あ

値渡し ... 13
アップデート ... 86
アロー関数 ... 79
アンマウント ... 85
イベントオブジェクト ... 81
インスタンス ... 57

## か

空要素 ... 40
機能 ... 2
クロスサイトスクリプト ... 279
子要素 ... 39
コンストラクター ... 86
コンポーネント ... 2
コンポーネントの再利用 ... 56

## さ

- サーバサイドレンダリング ……… 268
- 参照渡し ……………………………… 13
- 式の埋め込み ………………………… 37
- 状態 …………………………………… 7
- 真偽値 ………………………………… 62
- シングルページアプリケーション … 122
- 数値 …………………………………… 62
- スコープ ……………………………… 37
- 属性の指定 …………………………… 38
- 属性名 ………………………………… 39

## た

- ツリー構造 …………………………… 2
- テストライブラリ ………………… 226
- トランスパイラ ……………………… 34

## は

- 配列 …………………………………… 62
- 非同期処理 ………………………… 156
- ページルーティングを実装 ……… 197
- 変数 …………………………………… 62

## ま

- マウント ……………………………… 85
- 見た目 ………………………………… 2
- モジュールバンドラー ……………… 47
- 文字列 ………………………………… 61

## や

- 予約語 ………………………………… 39

## ら

- ライフサイクルメソッド …………… 85
- リフロー ……………………………… 3
- リペイント …………………………… 3
- ルーティング ……………………… 122
- ルーティングの実装パターン …… 122
- レンダーツリー ……………………… 3
- レンダリング ………………………… 3
- ロジック ……………………………… 7

**穴井宏幸**（あない ひろゆき）
サイボウズ株式会社 フロントエンドエキスパートチーム所属
JavaScriptが大好きなWebデベロッパー。ヤフー株式会社で様々なプロダクトの開発を経験し、2019年よりサイボウズ株式会社フロントエンドエキスパートチームにジョイン。
同社が提供するプロダクトのWebフロントエンドに関する開発・改善に従事。
Twitter ID：pirosikick

**石井直矢**（いしい なおや）
ヤフー株式会社 スタートページ事業本部
2012年にヤフー株式会社にエンジニアとして入社、入社以来Yahoo! JAPANトップページの開発に主にフロントエンド開発として従事。
社内でのフロントエンドまわりの技術力向上に貢献し、React利用を積極的に推進している。趣味はゲーム（プレイする方）。TwitterID: kaidempa

**柴田和祈**（しばた かずき）
ウォンタ株式会社　COO
2012年にヤフー株式会社にデザイナー入社。徐々にフロントエンド領域に足を踏み入れていき、気づけばSPA開発歴は4年以上に。
2017年にウォンタ株式会社を共同創業し、サービスの運営を行なっている。Developers SummitやReact.js meetupなど、登壇経験も多数。TwitterID：shibe97

**三宮肇**（みみや はじめ）
ヤフー株式会社 スタートページ事業本部
2008年にヤフー株式会社にデザイナーとして新卒入社。さまざまなサービスのフロントエンド開発業務を経験、2012年からYahoo! JAPANトップページ担当となり現在（2018年1月）に至る。
2016年にスマホ版Yahoo! JAPANトップページのフロントエンドを刷新するプロジェクトを立ち上げ、無事リリース。

| | | |
|---|---|---|
| 装丁 | | 森裕昌（森デザイン室） |
| 本文デザイン・DTP | | 株式会社シンクス |

# React入門
リアクト
React・Reduxの導入からサーバサイドレンダリングによるUXの向上まで
　　　　　　　　　　　　　　　　　　　　ユーエックス

2018年　2月19日　初版第1刷発行
2020年　3月　5日　初版第2刷発行

著　者　穴井宏幸（あない ひろゆき）、石井直矢（いしい なおや）、
　　　　柴田和祈（しばた かずき）、三宮肇（みみや はじめ）
発行人　佐々木幹夫
発行所　株式会社 翔泳社（http://www.shoeisha.co.jp）
印刷・製本　日経印刷 株式会社

© 2018 Hiroyuki Anai, Naoya Ishii, Kazuki Shibata, Mimiya Hajime

本書は著作権法上の保護を受けています。本書の一部または全部について、株式会社 翔泳社から文書による許諾を得ずに、いかなる方法においても無断で複写、複製することは禁じられています。
ソフトウェアおよびプログラムは各著作権保持者からの許諾を得ずに、無断で複製・再配布することは禁じられています。
本書へのお問い合わせについては、iiページに記載の内容をお読みください。
落丁・乱丁はお取り替えいたします。03-5362-3705までご連絡ください。

ISBN978-4-7981-5335-3　　　　　　　　　　　　　　Printed in Japan